Mein Körper
Die Supermaschine

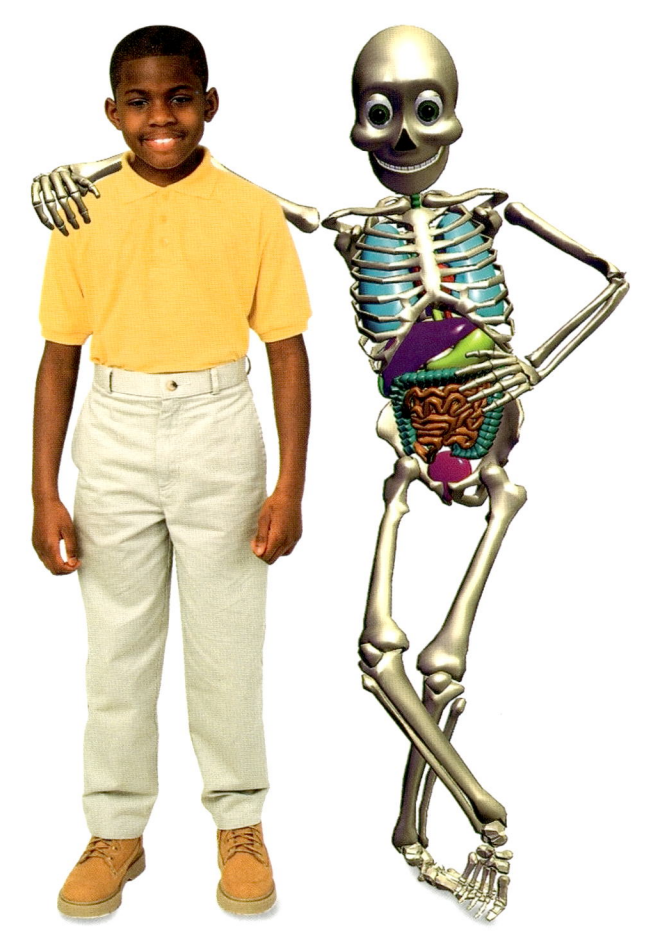

PAUL DAWSON

MEDIZINISCHE BERATUNG
DR. PETE ROWAN

LONDON, NEW YORK, MÜNCHEN, PARIS

Dorling  Kindersley

Bi
DTP-Design Bridge...
Herstellung Erica Rosen

Cheflektorat Linda Martin
Chefbildlektorat Peter Bailey

Producer
studio cactus C
Redaktion Jane Baldock
Gestaltung Sharon Moore

Die Deutsche Bibliothek – CIP-Einheitsaufnahme

Ein Titeldatensatz für diese Publikation ist bei
Der Deutschen Bibliothek erhältlich.

Titel der englischen Originalausgabe:
Become a Human Body Explorer

Übersetzung Dr. Michael Schmidt
Redaktion Beate Bücheleres-Rieppel
Druck und Bindung L. Rex Printing Co. Ltd.,
China

ISBN 3-8310-0089-1

Besuchen Sie uns im Internet
www.dk.com

Inhalt

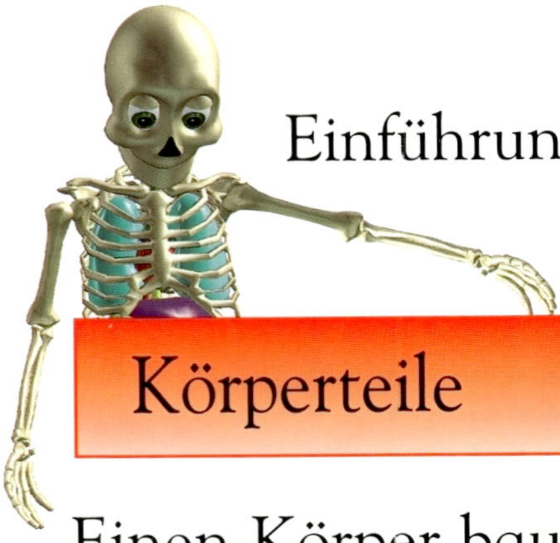

Herrn S. Skeletti
Hautstraße 1
88888 Knochenheim

Einführung

Hier seht ihr Skeletti, den Knochenmann. Er weiß eine ganze Menge über den menschlichen Körper – diese unglaublich komplexe Ansammlung von Organen, die zusammenarbeiten, damit ihr am Leben bleibt, größer werdet und euch wohl fühlt. Aber euer Körper kann noch viel mehr.

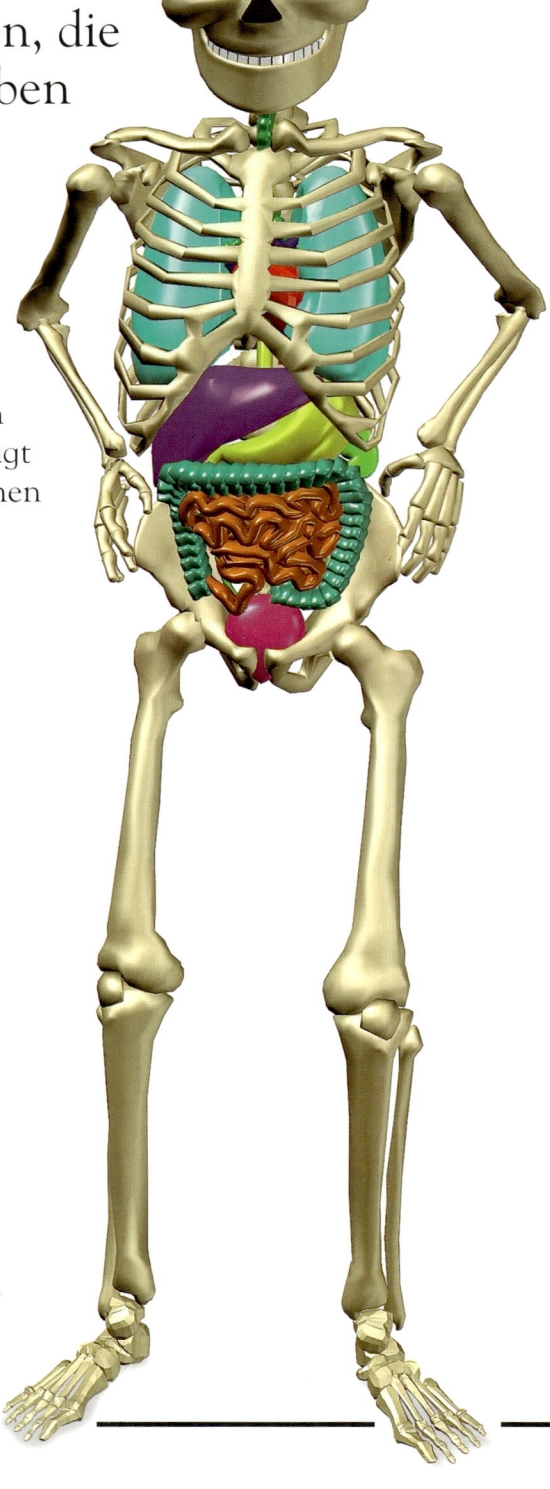

Ich bin der kleine Knochen- mann, in den man leicht hineinseh'n kann. Haha!

Skeletti hilft euch weiter

Im ganzen Buch findet ihr Kästchen, die euch unter den Überschriften „Skeletti sagt", „Probiert es aus" und „Fragt Skeletti" zusätzliche Informationen über den menschlichen Körper liefern.

Fragt Skeletti

Stellt Skeletti die Fragen, die ihr schon immer mal stellen wolltet, und er wird sie euch beantworten.

Skeletti sagt

Skeletti weiß noch mehr. In diesen Kästchen erhaltet ihr besondere Informationen.

Probiert es aus

Hier könnt ihr die Theorien praktisch nachprüfen.

Achtet auf diese Schlängelfragen!

In diesem Buch ist alles miteinander verknüpft. Die Verweise in den Schlängelfragen zeigen euch, wie alle Körperteile zusammenhängen.

Vier Bücher in einem

MEIN KÖRPER – DIE SUPERMASCHINE ist in vier faktenreiche Abschnitte eingeteilt: Körperteile, Körpermechanik, Ein Menschenleben und Körperpflege. Jeder dieser Abschnitte betrachtet den Körper aus einem anderen Blickwinkel.

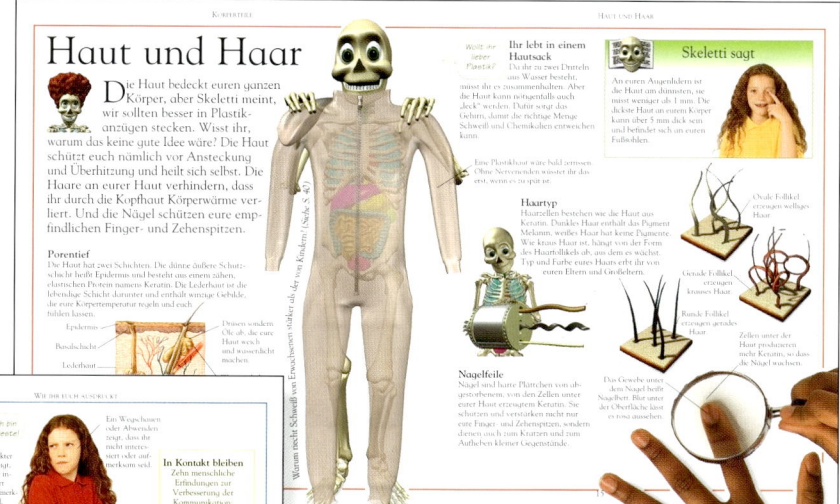

Körperteile
Hier erfahrt ihr, was unter eurer Haut ist und wie die Körpersysteme funktionieren.

Körpermechanik
Hier könnt ihr lesen, wie die verschiedenen Systeme zusammenarbeiten, damit euer Körper wie eine gut konstruierte Maschine funktioniert.

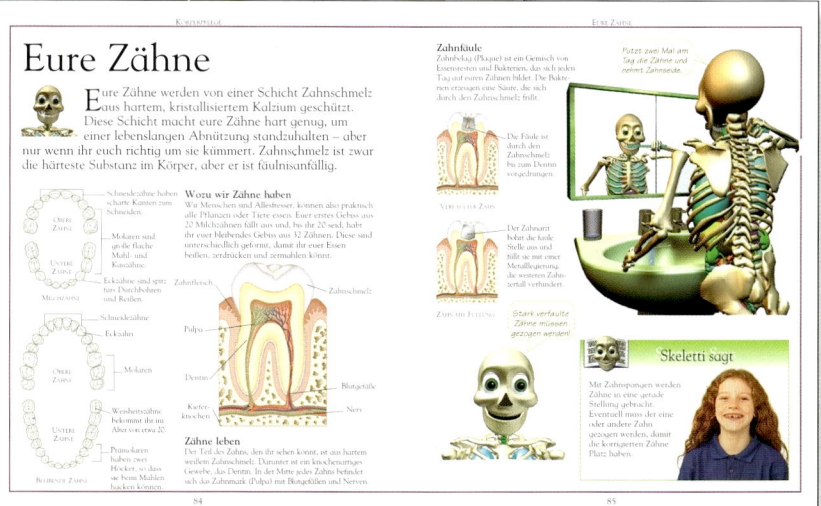

Ein Menschenleben
Geht in der Zeit zurück und seht, wie winzig klein ihr einmal wart. Ein Blick in die Zukunft des Erwachsenenalters zeigt, was euch bevorsteht.

Körperpflege
Ihr habt nur einen Körper und müsst euch um ihn kümmern. In diesem Abschnitt lernt ihr, was für ihn am Besten ist.

Körperteile

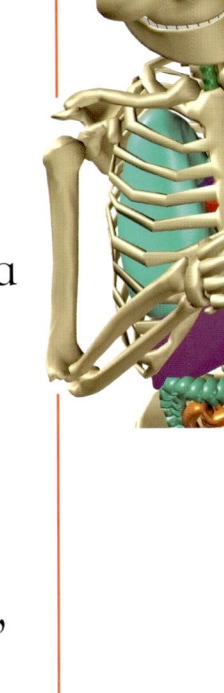

Hier hab ich alles!

Skeletti glaubt, er kann sich aus den richtigen Rohstoffen einen Freund basteln. Das kann doch nicht so schwer sein, oder? Er hat ja alle Zutaten. Erst muss er die Moleküle herstellen, dann daraus Zellen machen, aus denen Körpergewebe und daraus wiederum die Körperorgane. Kein Problem! Doch Skeletti wird bald entdecken, dass es nicht genügt, alle Zutaten zusammenzumixen, um einen Körper zu erschaffen!

Mineralien für einen menschlichen Körper
Kohlenstoff
Sauerstoff
Wasserstoff
Stickstoff
Kalzium Eisen
Phosphor
Chlor
Schwefel
Zink Jod
Fluor
Kupfer
Kobalt
Chrom
Mangan
Selen
Molybdän
Vanadium
Nickel
Silizium
Lithium
Bor
Zinn
Aluminium
Blei
Quecksilber
Kadmium

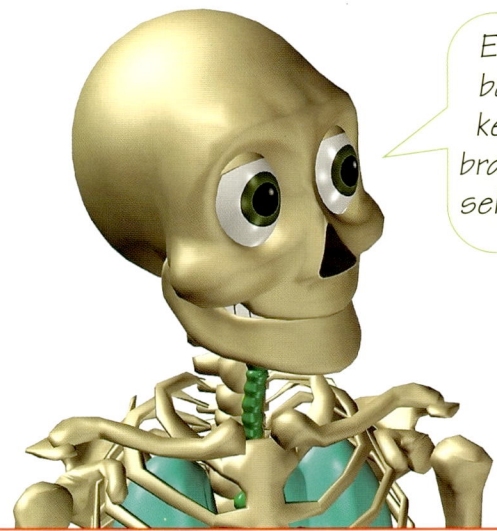

Einen Körper zu backen ist doch kein Problem. Du brauchst nur einen sehr großen Mixer.

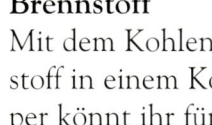

Brennstoff
Mit dem Kohlenstoff in einem Körper könnt ihr fünf Grills beheizen.

Nass
Wasser ist lebenswichtig – ein menschlicher Körper enthält sechs Eimer Wasser.

Fettig
Das Fett in sieben Stück Seife entspricht ungefähr der Menge Fett in einem menschlichen Körper.

Zuckersüß
Jeder menschliche Körper enthält etwa ein Schälchen voll Zucker.

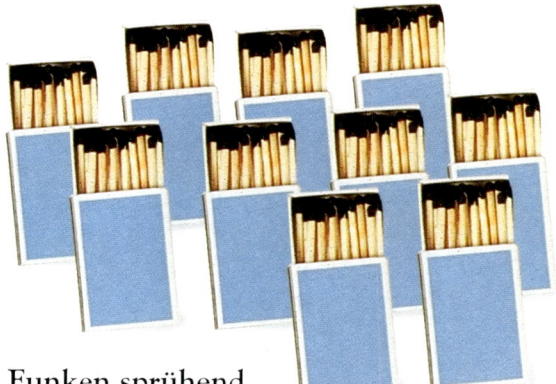

Funken sprühend
2200 Streichholzköpfe ließen sich aus dem im Körper enthaltenen Phosphor herstellen.

Eisern
Eisen ist ein wichtiges Mineral – die Eisenmenge in einem menschlichen Körper ergäbe einen 7 cm langen Nagel.

Dein Kumpel Bausatz
Jetzt bestellen!
Kinderleicht!

Können Sie mir diesen Baukasten schicken?

Ein Körper per Post
Skeletti gibt auf. Er merkt, dass es einfacher ist, sich einen Freund aus einem Baukasten zu basteln, den er in einer Zeitungsanzeige gesehen hat. Den will er haben!

Einen Körper bauen

Der Bausatz für einen menschlichen Körper enthält viele Einzelteile und Skeletti weiß nicht, wo er anfangen soll. Im Körper gibt es hunderte von knöchernen, matschigen, sogar flüssigen Teilen. Und jedes Teil gehört zu einem System, nämlich einer Gruppe von Teilen, die zusammenarbeiten, um verwandte Aufgaben zu erledigen. Im Körper sind eine Menge solcher Systeme auf engstem Raum zusammengepackt.

Dein Kumpel Bauteile

206 Knochen
640 Muskeln
5 Liter Blut
32 Zähne
1 Zunge
5 Millionen Haare
20 Nägel
1 Hautsack
1 Herz
2 Lungenflügel
2 Lippen
2 Augäpfel
1 Nase
2 Außenohren
2 Innenohren
1 Speiseröhre
1 Luftröhre
1 Stimmapparat
1 Magen
1 Dünndarm
1 Dickdarm
1 Anus
2 Nieren
1 Blase
Gallenblase
1 Leber

Skeletti sagt

Menschen sind Säugetiere. Wir gehören also einer Gruppe von behaarten Tieren an, die lebende Junge (keine Eier) zur Welt bringen. Der Körper jeder Säugetierart ist ihrer Lebensweise und Umwelt angepasst. Wir sehen zwar ganz verschieden aus, haben aber alle die gleichen Systeme in uns.

Wie setzt man das alles zusammen?

Selbst ein Team von Spitzenchirurgen hätte Mühe, Skelettis Freund zusammenzubasteln. Skeletti hat keine Chance! Er muss mehr über die verschiedenen Körperteile erfahren. Begleitet ihn also auf seiner Entdeckungsreise.

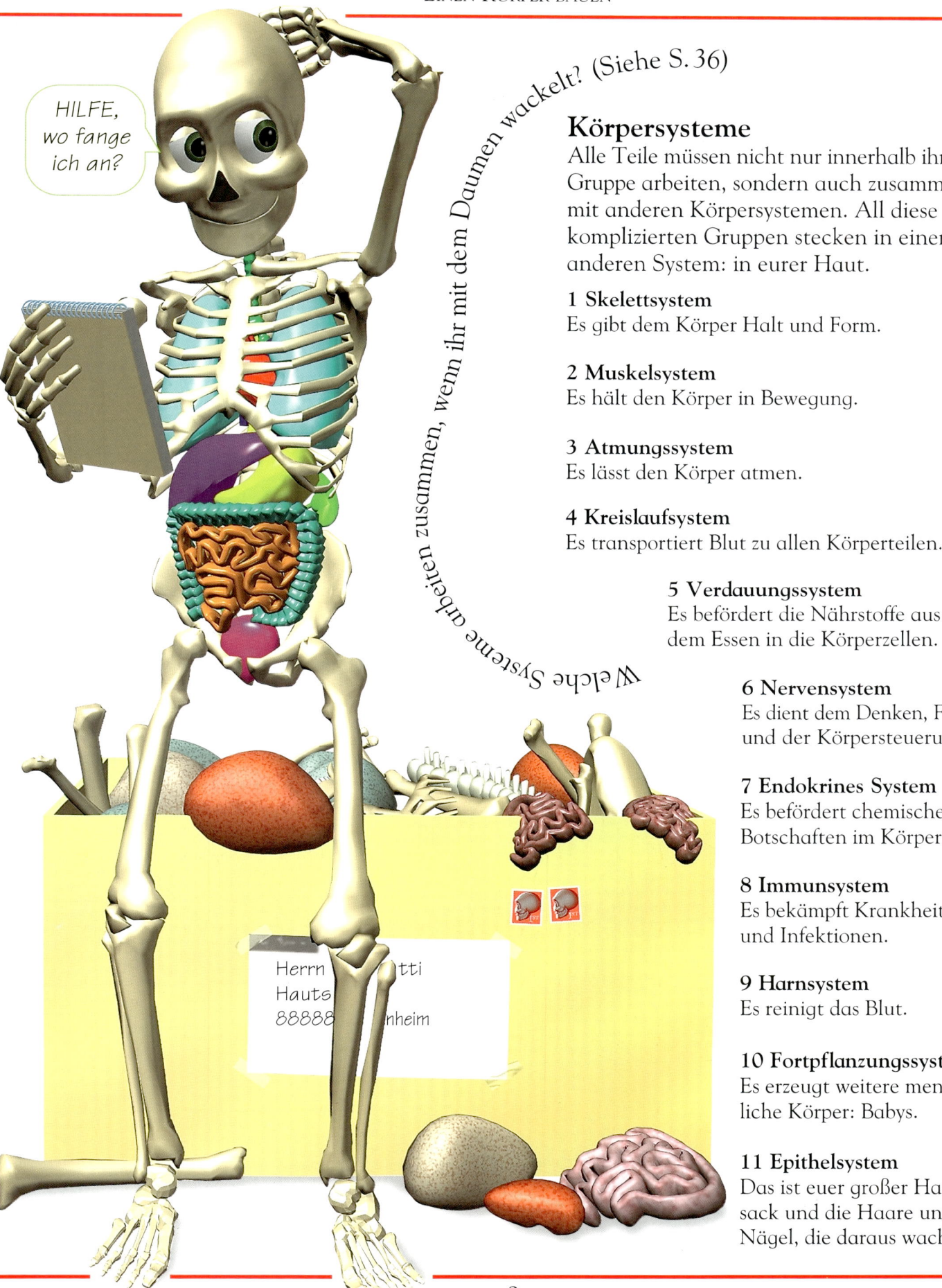

Körpersysteme

Alle Teile müssen nicht nur innerhalb ihrer Gruppe arbeiten, sondern auch zusammen mit anderen Körpersystemen. All diese komplizierten Gruppen stecken in einem anderen System: in eurer Haut.

1 Skelettsystem
Es gibt dem Körper Halt und Form.

2 Muskelsystem
Es hält den Körper in Bewegung.

3 Atmungssystem
Es lässt den Körper atmen.

4 Kreislaufsystem
Es transportiert Blut zu allen Körperteilen.

5 Verdauungssystem
Es befördert die Nährstoffe aus dem Essen in die Körperzellen.

6 Nervensystem
Es dient dem Denken, Fühlen und der Körpersteuerung.

7 Endokrines System
Es befördert chemische Botschaften im Körper.

8 Immunsystem
Es bekämpft Krankheiten und Infektionen.

9 Harnsystem
Es reinigt das Blut.

10 Fortpflanzungssystem
Es erzeugt weitere menschliche Körper: Babys.

11 Epithelsystem
Das ist euer großer Hautsack und die Haare und Nägel, die daraus wachsen.

Knochenapparat

Skelette kennt ihr sicher als Comicmonster oder als Symbole auf Piratenflaggen. Aber keine Angst – Skelette erledigen viele wichtige Aufgaben. Die 206 Knochen eures Skeletts halten euch aufrecht, schützen eure Organe und ermöglichen es euch, euren Körper mit Hilfe verschiedener Gelenke zu bewegen.

Kalzium
Milch enthält das Mineral Kalzium, das Knochen gerade hält und stärkt.

Im Schädel sind 22 Knochen.

Jede Hand hat 27 Knochen.

Kompakter Knochen

Voller Löcher
Knochen sind außen glatt und hart, aber innen schwammig. Damit sind sie sehr stark, doch nicht zu schwer.

Kiefer-knochen

Schlüsselbein

Brustbein

Knorpel

12 Rippen-paare

Oberarm-knochen

Dreh-gelenk

Schulter-blatt

Das Rückgrat ist ein Stapel von getrennten, sich drehenden Wirbeln.

Kugel- und Pfannengelenk

Sattelgelenk

Hand

Das Becken ist bei Frauen breiter als bei Männern.

Speiche

Elle

Körpergelenke
Um euren Körper zu bewegen, braucht ihr Gelenke. Sie sitzen da, wo zwei Knochen zusammentreffen. Die Bewegung, die sie zulassen, hängt von der Form der Knochen ab, die das Gelenk bilden. Hier werden einige Haupttypen von Gelenken erklärt. Erkennt ihr sie am Skelett?

Scharniergelenke erlauben eine Vorwärts- und Rückwärts-, aber keine Seitwärtsbewegung. Ein gutes Beispiel dafür ist euer Knie.

Das Knie ist ein Scharniergelenk.

Waden-bein

Schienbein

Jeder Fuß hat 26 Knochen.

Knochenstruktur
Ohne euer Skelett würdet ihr wie ein großer Wackelpudding herumzappeln!

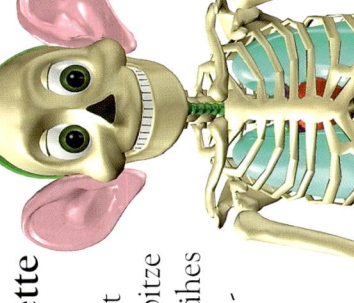

Fragt Skeletti

Warum haben Skelette keine Ohren?
Die äußere Ohrmuschel ist genauso wie eure Nasenspitze aus Knorpel. Das ist ein zähes Gewebe, das wenige Mineralien enthält, so dass es nicht verknöchert.

Die Hüfte besteht aus einem Kugel- und einem Pfannengelenk.

Der Oberschenkelknochen ist der längste Knochen im Körper.

Kniescheibe

Wie verheilen Knochen! (Siehe S. 45)

Hammer

Ohrknochen
Der Hammer ist einer von drei Knöchelchen in eurem Ohr (siehe S. 25).

Kugelgelenke wie eure Schulter ermöglichen eine Drehbewegung. Das runde Ende eines Knochens passt in die Pfanne des anderen Knochens.

Sattelgelenke verbinden eure Daumen mit euren Händen. Damit könnt ihr eure Daumen in verschiedenen Richtungen bewegen.

Drehgelenke befinden sich zwischen euren Halswirbeln. Sie ermöglichen es, dass sich die Knochen drehen.

Bänder
Starke, flexible Bänder halten eure Knochen zusammen.

Knochen

Band

Muskeln

Jedes Mal, wenn ihr mit den Augen zwinkert oder mit den Zehen wackelt, bewegt ihr eure Muskeln. Und bei jedem Herzschlag bewegt ihr weitere Muskeln. Die Skelettmuskeln sind das „Fleisch auf euren Knochen". Eure 640 Muskeln machen rund 40% eures Körpergewichts aus.

Warum fühlen sich Muskeln fest an, wenn sie in Ruhestellung sind? (Siehe S. 37)

Die Kappenmuskeln bewegen eure Schulterblätter.

Gesäß-muskel

Die Ober-schenkelmus-keln beugen eure Knie.

Die Muskeln an der Vor-derseite eurer Oberschenkel strecken eure Knie.

Die äußeren Wadenmuskeln bewegen eure Unterschenkel.

Der größte Muskel
Euer größter Muskel ist der Gesäßmuskel. Er streckt eure Beine, hilft euch beim Treppensteigen und bildet ein ausgezeichnetes Kissen!

Der Delta-muskel in der Schulter hilft euch, den Arm zu heben.

Der Kaumuskel übt erhebliche Kraft aus, wenn ihr den Kiefer schließt.

Die Brustmuskeln bewegen eure Schultern und Oberarme.

Muskelorgane
Auch die Organe in eurem Körper sind mus-kulär. Sie werden auto-matisch von eurem Gehirn gesteuert, sogar im Schlaf. Eure Herzmuskeln arbeiten euer ganzes Leben lang.

Die Bauchmuskeln stärken euren Ober-körper und schützen eure inneren Organe.

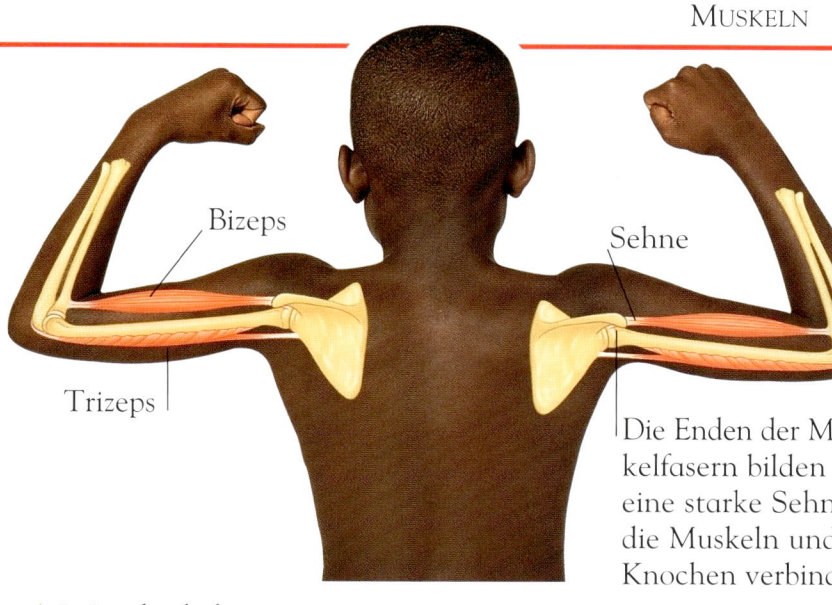

Bizeps

Sehne

Trizeps

Die Enden der Muskelfasern bilden eine starke Sehne, die Muskeln und Knochen verbindet.

Gesichtsmuskeln

Eure Gesichtsmuskeln bewegen nicht eure Knochen, sondern eure Haut. Wenn ihr lächelt oder das Gesicht verzieht, benutzt ihr etwa 30 verschiedene Muskeln. Eure aktivsten Muskeln bewegen eure Augäpfel in ihren Höhlen.

Muskelaktion

Wenn sich der Bizepsmuskel zusammenzieht (kürzer und dicker wird), um euren Arm zu beugen, entspannt sich der Trizepsmuskel (er wird länger und dünner). Um euren Arm wieder zu strecken, entspannt sich der Bizeps, während sich der Trizeps zusammenzieht.

Muskelfasern

Unter dem Mikroskop erkennt ihr deutlich das Streifenmuster von Muskelfasern. Zwischen den Fasern laufende Nervenimpulse sorgen auf Befehl des Gehirns dafür, dass sich die Muskeln zusammenziehen *(siehe S. 37).*

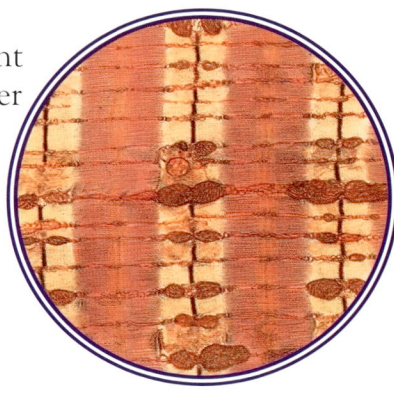

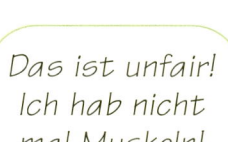

Das ist unfair! Ich hab nicht mal Muskeln!

Tauziehen

Die kräftigsten Muskeln verlaufen entlang eurem Rückgrat. Sie halten euren Körper ständig aufrecht und sind wichtig für Aufgaben wie Heben und Tauziehen. Der kleinste Skelettmuskel befindet sich in eurem Innenohr. Er bewegt euren kleinsten Knochen, damit sich euer Gehör Lautstärkenänderungen anpasst.

Probiert es selbst

Ein Muskel kann einen anderen bei der Arbeit stören. Biegt das Handgelenk ab und versucht die Faust zu ballen, dann seht ihr's!

Haut und Haar

Die Haut bedeckt euren ganzen Körper, aber Skeletti meint, wir sollten besser in Plastikanzügen stecken. Wisst ihr, warum das keine gute Idee wäre? Die Haut schützt euch nämlich vor Ansteckung und Überhitzung und heilt sich selbst. Die Haare an eurer Haut verhindern, dass ihr durch die Kopfhaut Körperwärme verliert. Und die Nägel schützen eure empfindlichen Finger- und Zehenspitzen.

Porentief

Die Haut hat zwei Schichten. Die dünne äußere Schutzschicht heißt Epidermis und besteht aus einem zähen, elastischen Protein namens Keratin. Die Lederhaut ist die lebendige Schicht darunter und enthält winzige Gebilde, die eure Körpertemperatur regeln und euch fühlen lassen.

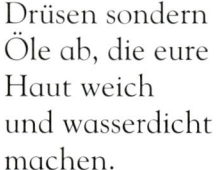

Epidermis

Basalschicht

Lederhaut

Schweißdrüsen schicken Wasser an die Hautoberfläche, um sie abzukühlen *(siehe S. 40)*.

Nervenenden lassen euch Wärme, Schmerz und Druck spüren.

Drüsen sondern Öle ab, die eure Haut weich und wasserdicht machen.

Wenn es kalt ist, richten winzige Muskeln die Härchen auf und bilden eine Gänsehaut.

Eine Fettschicht isoliert und polstert die Knochen darunter ab.

Warum riecht Schweiß von Erwachsenen stärker als der von Kindern? *(Siehe S. 40)*

Wollt ihr lieber Plastik?

Ihr lebt in einem Hautsack

Da ihr zu zwei Dritteln aus Wasser besteht, müsst ihr es zusammenhalten. Aber die Haut kann nötigenfalls auch „leck" werden. Dafür sorgt das Gehirn, damit die richtige Menge Schweiß und Chemikalien entweichen kann.

Eine Plastikhaut wäre bald zerrissen. Ohne Nervenenden wüsstet ihr das erst, wenn es zu spät ist.

Skeletti sagt

An euren Augenlidern ist die Haut am dünnsten, sie misst weniger als 1 mm. Die dickste Haut an eurem Körper kann über 5 mm dick sein und befindet sich an euren Fußsohlen.

Haartyp

Haarzellen bestehen wie die Haut aus Keratin. Dunkles Haar enthält das Pigment Melanin, weißes Haar hat keine Pigmente. Wie kraus Haar ist, hängt von der Form des Haarfollikels ab, aus dem es wächst. Typ und Farbe eures Haars erbt ihr von euren Eltern und Großeltern.

Ovale Follikel erzeugen welliges Haar.

Gerade Follikel erzeugen krauses Haar.

Runde Follikel erzeugen gerades Haar.

Zellen unter der Haut produzieren mehr Keratin, so dass die Nägel wachsen.

Nagelfeile

Nägel sind harte Plättchen von abgestorbenem, von den Zellen unter eurer Haut erzeugtem Keratin. Sie schützen und verstärken nicht nur eure Finger- und Zehenspitzen, sondern dienen auch zum Kratzen und zum Aufheben kleiner Gegenstände.

Das Gewebe unter dem Nagel heißt Nagelbett. Blut unter der Oberfläche lässt es rosa aussehen.

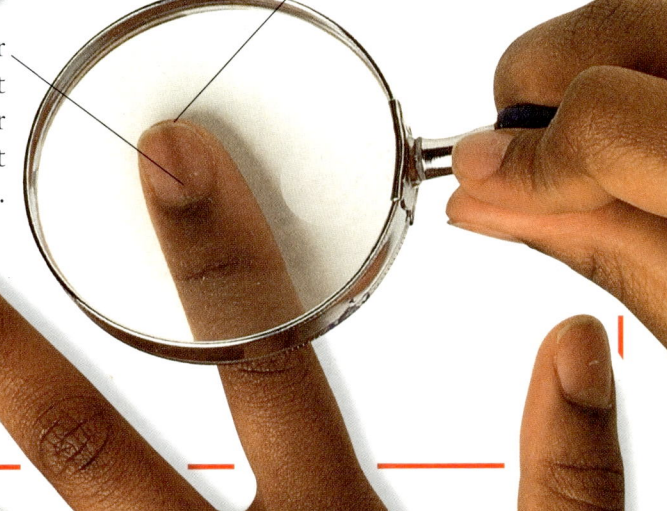

Atmungsorgane

Gutes Gas rein, schlechtes Gas raus. Rund um die Uhr wird euer Körper mit Sauerstoff versorgt und von Kohlendioxid befreit. Eure Lunge sorgt für diesen Gasaustausch, indem sie eurem Blutkreislauf frische Luft zuführt und verbrauchte Luft entzieht. Dieses Ein- und Auspumpen erledigt ein großer Muskel, das Zwerchfell, das quer über euren Oberkörper verläuft.

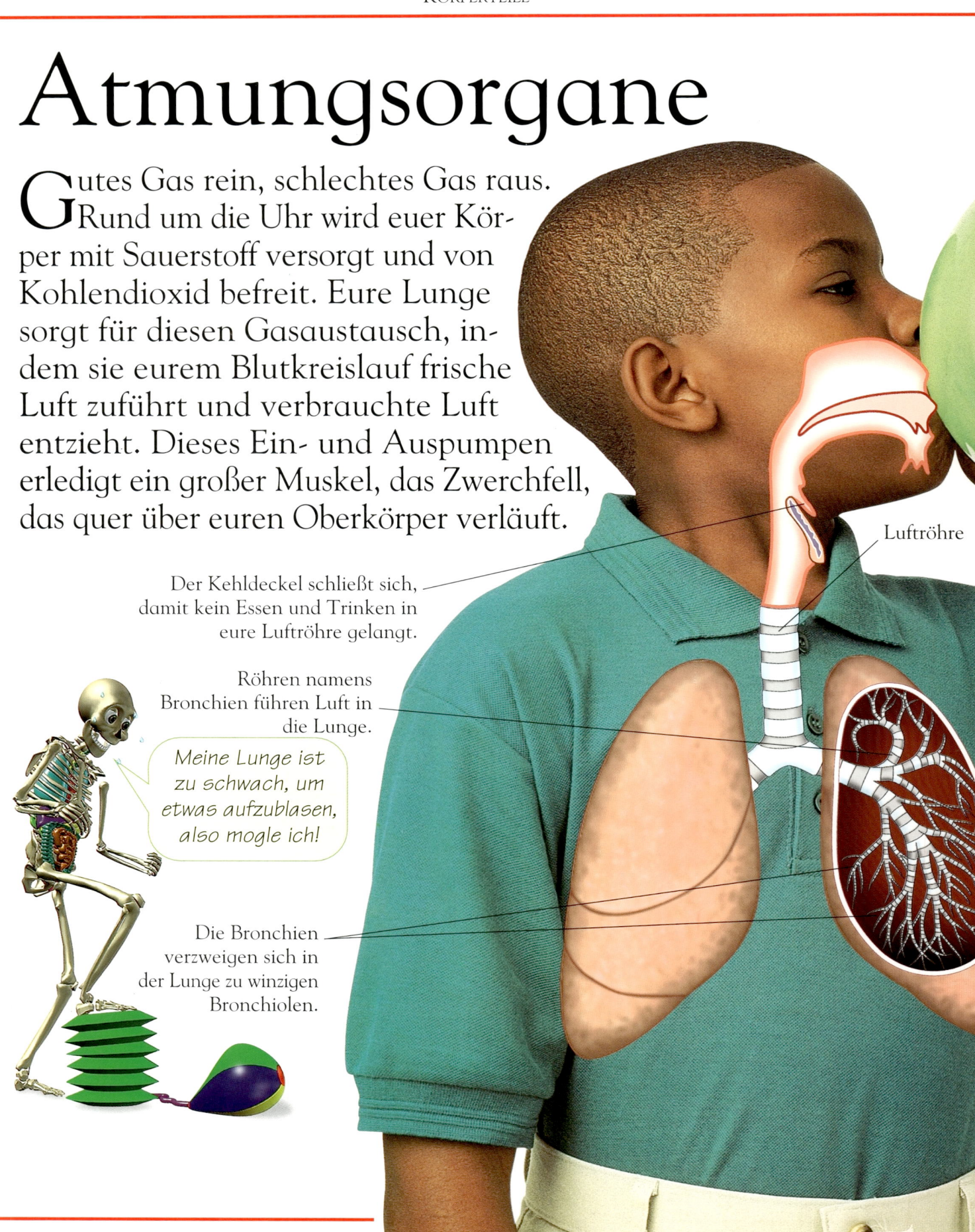

Luftröhre

Der Kehldeckel schließt sich, damit kein Essen und Trinken in eure Luftröhre gelangt.

Röhren namens Bronchien führen Luft in die Lunge.

Meine Lunge ist zu schwach, um etwas aufzublasen, also mogle ich!

Die Bronchien verzweigen sich in der Lunge zu winzigen Bronchiolen.

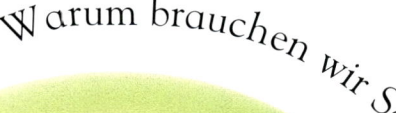

Warum brauchen wir Sauerstoff? (Siehe S. 39)

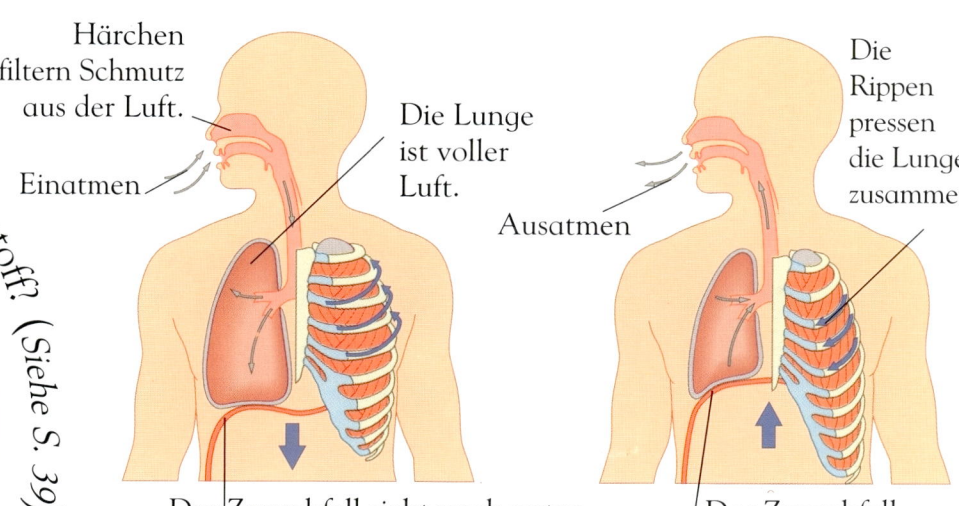

Härchen filtern Schmutz aus der Luft.

Einatmen

Die Lunge ist voller Luft.

Ausatmen

Die Rippen pressen die Lunge zusammen.

Das Zwerchfell zieht nach unten.

Das Zwerchfell entspannt sich.

Gastransport

Eure Lungenflügel bestehen aus Tausenden winziger Säckchen, den Alveolen, deren dünne Wände Sauerstoff und Kohlendioxid in die umgebenden Blutgefäße hinein- und aus ihnen hinausgelangen lassen.

Einatmen

Die Luft wird zur Lunge durch ein Netz von kleinen Röhrchen transportiert. Das Zwerchfell senkt sich, damit sich die Lunge mit Luft füllt.

Ausatmen

Das Zwerchfell entspannt sich, die Rippen drücken auf die Lunge und pressen verbrauchte Luft hinaus. Die Lunge wird kleiner.

Was für ein Gas!

Die Luft, die wir atmen, ist ein Gemisch von Gasmolekülen und winzigen Teilchen. Sie treten etwa in den Proportionen auf wie auf diesem Balldiagramm.

Wasser sorgt für Feuchtigkeit.

Die Luft enthält Teilchen wie Rauch, Staub, Pollen und Keime!

Kohlendioxid ist wichtig für Pflanzen.

Sauerstoff ist wichtig für das Leben von Menschen und Tieren.

Stickstoff verdünnt den Sauerstoff.

Alveolen

Die Alveolen an den Enden der Bronchiolen sind von winzigen Blutgefäßen umhüllt. Die Gesamtoberfläche dieser Lungenbläschen beträgt etwa 70 m².

Skeletti sagt

Während eures Lebens atmet ihr genug Luft aus, um 138 Heißluftballons aufzublasen.

Blutgefäße

In eurem Körper ist ein Netzwerk von Transportkanälen, das Nahrung, Botschaften und Baustoffe dorthin bringt, wo sie benötigt werden. Dies ist das Kreislaufsystem, durch das euer Blut fließt. Das Blut ist das einzige Körperorgan, das eine Flüssigkeit ist. Erwachsene haben etwa fünf Liter Blut, das von einer starken und unermüdlichen Pumpe in Gang gehalten wird – dem Herzen.

Miteinander verknüpft würden eure Blutgefäße ZWEIMAL die Erde umkreisen!

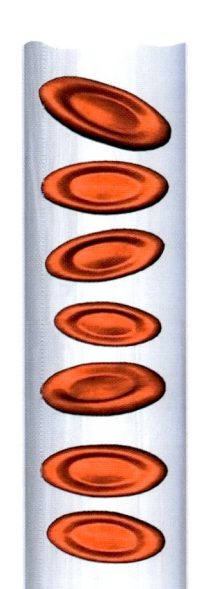

Blutkapillaren

Kapillaren sind winzige Gefäße, die Arterien und Venen miteinander verbinden. Durch ihre dünnen Wände gelangen Sauerstoff, Nähr- und Abfallstoffe in den Blutkreislauf und aus ihm hinaus.

Blut aus den Venen ist blau.

Rote Arterien und blaue Venen

Ihr habt in eurem Körper drei Arten von Blutgefäßen: Arterien die rotes, sauerstoffreiches Blut aus dem Herzen transportieren; Venen, die ihm blaues, sauerstoffarmes Blut zuführen; und Kapillaren.

Ihr könnt euren Puls durch die Speichenarterie im Handgelenk spüren.

Blut kann nur in einer Richtung fließen.

Aus Blau wird Rot

Rote Blutzellen enthalten ein Protein namens Hämoglobin, das in Verbindung mit einem Sauerstoffmolekül rot wird. Aus dem in Gemüse enthaltenen Eisen wird neues Hämoglobin erzeugt.

Welche Blutzellen bekämpfen Keime? (Siehe S. 42)

Sauerstoffarmes Blut zu den Lungen

Linker Vorhof

Linke Herz-kammer

Aorta

Sauerstoff-reiches Blut aus der Lunge

Rechter Vorhof

Rechte Herzkammer

Sauerstoffarmes Blut aus dem Oberkörper

Sauerstoffreiches rotes Blut zum Körper

Sauerstoffarmes Blut vom Unterkörper

Herzkammern

Euer Herz hat vier Kammern – zwei links und zwei rechts. Der rechte Vorhof sammelt sauerstoffarmes Blut aus dem Körper und die rechte Herzkammer pumpt das verbrauchte Blut in die Lunge zur Sauerstoffanreicherung. Der linke Vorhof sammelt das sauerstoffreiche Blut aus der Lunge, und die linke Herzkammer pumpt das frische Blut unter hohem Druck in den übrigen Körper.

Probiert es aus

Hebt eine Büchse Tomaten bis zur Schulter. So viel Arbeit etwa leistet euer Herz mit jedem Schlag. Versucht nun die Büchse 70 Mal in der Minute zu heben, dann 140 Mal in zwei Minuten. Stellt euch vor, ihr müsstet die Büchse in jeder Minute eures Lebens heben – so schwer muss euer Herz arbeiten!

Verdauungssystem

Immer wenn ihr etwas esst, wird die Nahrung von den Organen des Verdauungssystems verarbeitet. Von der Müslischüssel zur Kloschüssel legt euer Essen nur acht Meter durch euren Körper zurück – da muss er möglichst viele Nährstoffe aus jedem Bissen herausholen.

Stimmt es, dass man ist, was man isst? (Siehe S.30)

Zotten

Euer Dünndarm (siehe gegenüber) ist etwa fünf Meter lang und auf der Innenseite von winzigen fellartigen Zellen besetzt, den Zotten. Sie nehmen die Nährstoffe aus eurem Essen auf. In den Zotten leiten winzige Kapillaren die Nährstoffe in den Blutkreislauf eures Körpers.

Wie viele Elefanten könnt ihr essen?

Im Laufe eures Lebens esst ihr etwa 30000 kg – das Gewicht von sechs Elefanten. Zum Glück für euer Verdauungssystem esst ihr sie in etwas kleineren Portionen!

Skeletti sagt

Die Gesamtoberfläche der Zotten in eurem Dünndarm ist so groß wie ein Tennisplatz. So werden Wasser und Nährstoffe rasch aufgenommen.

Der Verdauungsprozess

Das Verdauungssystem besteht aus dem langen Schlauch, der von eurem Mund bis zu eurem Anus läuft, sowie den Verdauungsorganen: Speicheldrüsen, Leber und Bauch- speicheldrüse.

Die Verdauung beginnt im Mund, wo Zähne und Speichel euer Essen in Brei verwandeln.

Geld oder Leber!

Die Muskeln in der Speiseröhre ziehen sich zusammen, um das Essen zur Verarbeitung nach unten zu drücken.

Der Magen ist ein zerreibendes, mahlendes Organ voller starker Säure, die das Essen in eine Flüssigkeit auflöst.

Die Leber erzeugt eine Flüssigkeit namens Galle, die Fett und fette Nahrung zerlegt.

Der Dickdarm oder Kolon absorbiert überschüssiges Wasser. Er enthält auch Bakterien, die das Essen weiter zerlegen. Sie erzeugen Gase, die eine Menge Wind machen!

Die Bauchspeicheldrüse erzeugt eine Flüssigkeit, die die Magensäure neutralisiert.

Der Dünndarm besteht aus drei Teilen: dem Zwölffingerdarm, dem Leerdarm und dem Krummdarm.

Im Mastdarm wird der Stuhl festgehalten. Stuhl ist das medizinische Wort für „Kacke".

Der Anus ist der einzige Muskel in eurem unteren Verdauungssystem, den ihr steuern könnt.

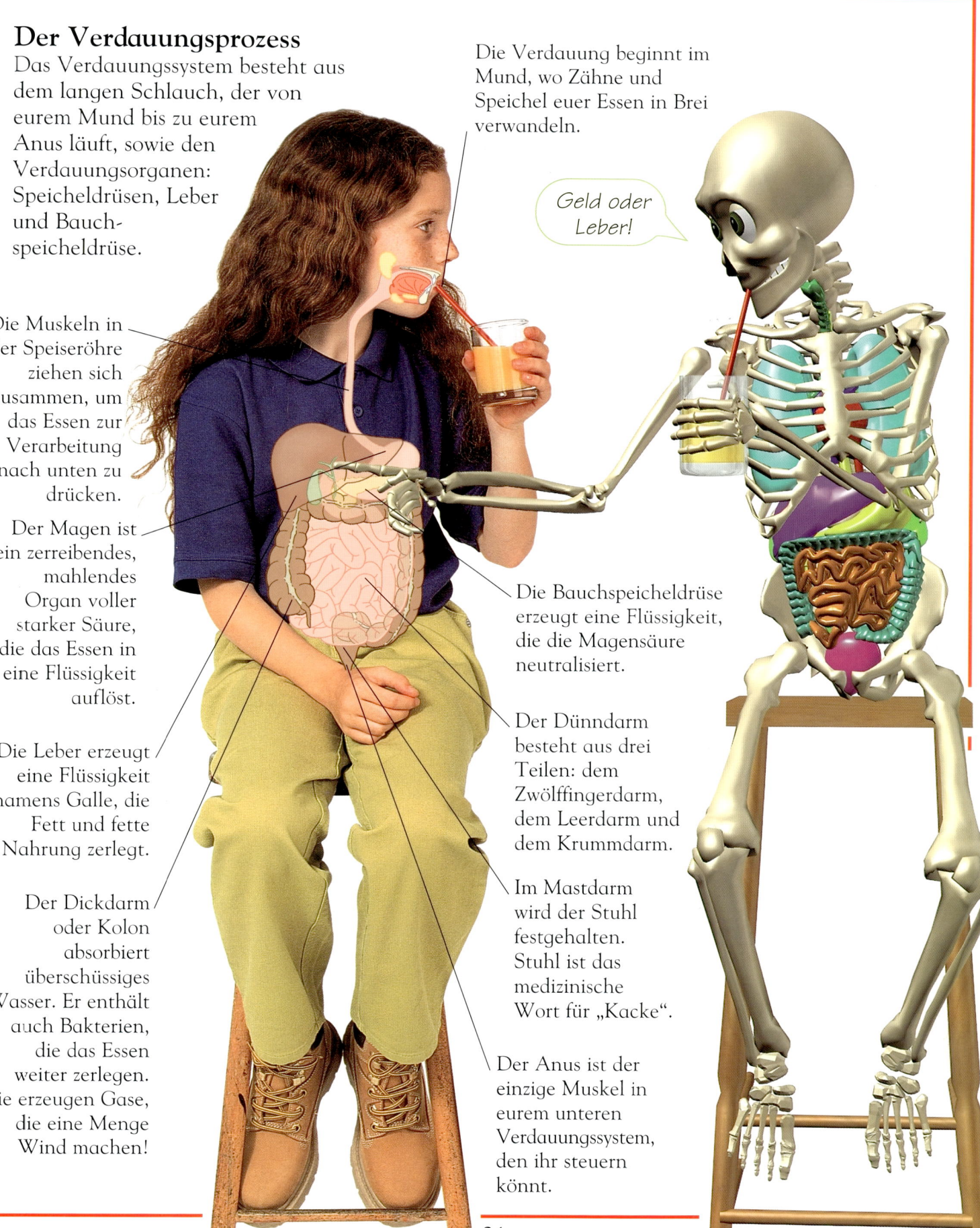

Gehirn

Was besteht zu 85% aus Wasser und sieht wie eine riesige graue Walnuss aus? Das Gehirn! Hirngewebe gibt es in zwei Farben: grau und weiß. Die graue Materie besteht aus Nervenzellen, die euer ganzes Denken und Fühlen erledigen. Die weiße Materie ist aus anderen Zellarten, die die Nervenzellen und ihre Verbindungen versorgen und schützen.

Das äußere Gehirn

Ein ausgewachsenes Gehirn wiegt etwa 1,4 kg und schwimmt in einer Nährflüssigkeit, die es vor Beschädigung schützt. Einzelne Hirnteile steuern unterschiedliche Bereiche. Denken, Bewegen und Fühlen vollziehen sich im großen äußeren Abschnitt des Gehirns, dem Großhirn. Euer Gedächtnis wird von vielen Hirnteilen gesteuert.

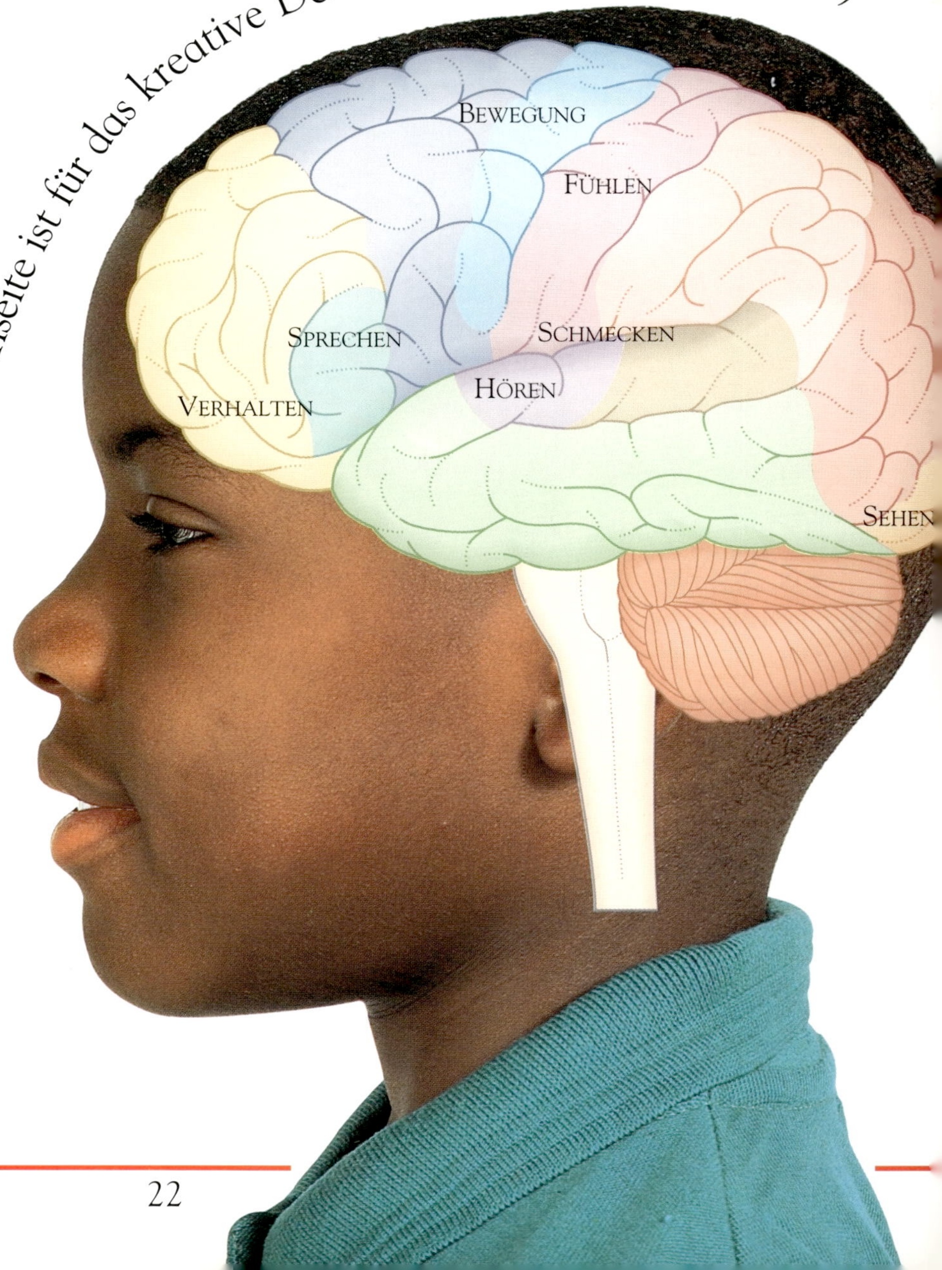

Probiert es aus

Stellt einem Freund eine Mathefrage. Beobachtet, wohin sich seine Augen bewegen, wenn er nachdenkt. Nun fragt ihr ihn, welche Farbe zu Grün passt. Die Augen bewegen sich oft in die Richtung der Gehirnhälften (Hemisphären), die man benützt.

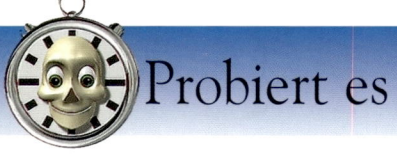

Welche Hirnseite ist für das kreative Denken zuständig? (Siehe *S. 47*)

BEWEGUNG

FÜHLEN

SPRECHEN

SCHMECKEN

HÖREN

VERHALTEN

SEHEN

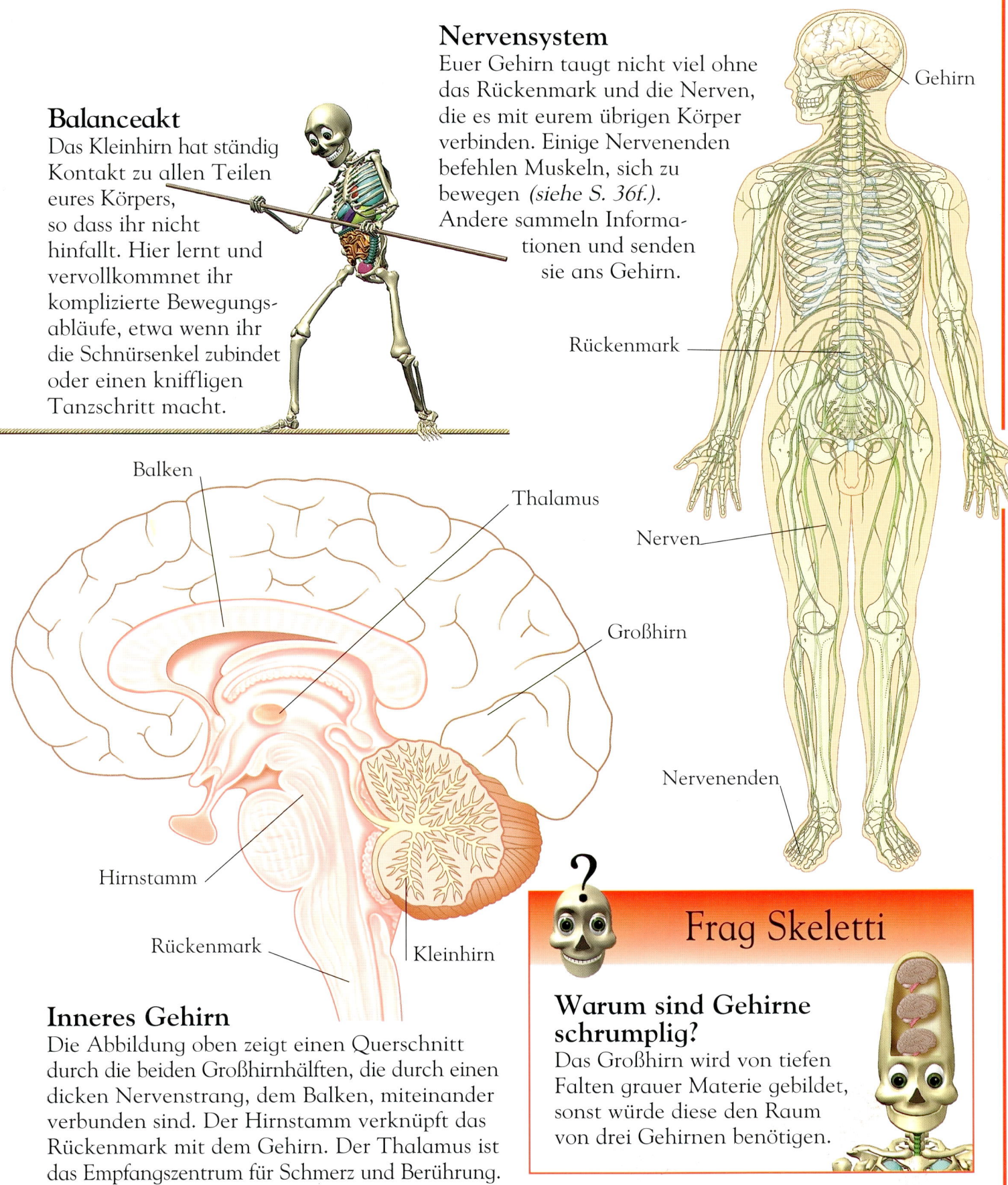

Balanceakt

Das Kleinhirn hat ständig Kontakt zu allen Teilen eures Körpers, so dass ihr nicht hinfallt. Hier lernt und vervollkommnet ihr komplizierte Bewegungsabläufe, etwa wenn ihr die Schnürsenkel zubindet oder einen kniffligen Tanzschritt macht.

Nervensystem

Euer Gehirn taugt nicht viel ohne das Rückenmark und die Nerven, die es mit eurem übrigen Körper verbinden. Einige Nervenenden befehlen Muskeln, sich zu bewegen *(siehe S. 36f.)*. Andere sammeln Informationen und senden sie ans Gehirn.

Gehirn

Rückenmark

Nerven

Nervenenden

Balken

Thalamus

Großhirn

Hirnstamm

Rückenmark

Kleinhirn

Inneres Gehirn

Die Abbildung oben zeigt einen Querschnitt durch die beiden Großhirnhälften, die durch einen dicken Nervenstrang, dem Balken, miteinander verbunden sind. Der Hirnstamm verknüpft das Rückenmark mit dem Gehirn. Der Thalamus ist das Empfangszentrum für Schmerz und Berührung.

Frag Skeletti

Warum sind Gehirne schrumplig?

Das Großhirn wird von tiefen Falten grauer Materie gebildet, sonst würde diese den Raum von drei Gehirnen benötigen.

Sinnesorgane

Was um euch herum vorgeht, findet ihr mit euren fünf Sinnen, Sehen, Hören, Schmecken, Riechen und Tasten, heraus. Jedes Tier braucht seine Sinne, um Nahrung zu finden und Gefahren zu meiden. Ob wir Menschen Musik genießen oder das Gesicht eines Freundes erkennen, unsere Sinne liefern einen ständigen Strom von Informationen und Reizen.

Probiert es aus

Habt ihr schon mal einen Faden mit einem Auge eingefädelt? Erst beide Augen zeigen euch, was nah und was fern ist.

Der Sehsinn

75 Prozent aller Informationen, die euer Gehirn erreichen, treten in euch als Licht ein. Dank ihrer unglaublichen Empfindlichkeit sind eure Augen vielseitiger als die raffiniertesten Kameras. Die Nervenenden in der Netzhaut übersetzen das scharf eingestellte Bild in ein Muster von elektrischen Impulsen und senden diese ans Gehirn.

Muskel

Die Hornhaut ist eine zähe, durchsichtige Abdeckung.

Die Linse wird von den Augenmuskeln gestreckt oder zusammengedrückt, damit das Bild scharf bleibt.

Die Netzhaut ist ein Bildschirm aus lichtempfindlichen Nervenenden.

Die Pupille ist die Öffnung vorn an eurem Auge.

Muskel

Menschen brauchen eine Brille, wenn die Muskeln in ihren Augen das Bild nicht scharf auf der Netzhaut einstellen können.

Die Iris gibt es in verschiedenen Farben. Bei schwachem Licht öffnet sie sich weit.

Sehnerv zum Gehirn

Das Bild wird verkehrt herum projiziert.

Das Auge ist mit einem klaren Gallert gefüllt, dem Glaskörper.

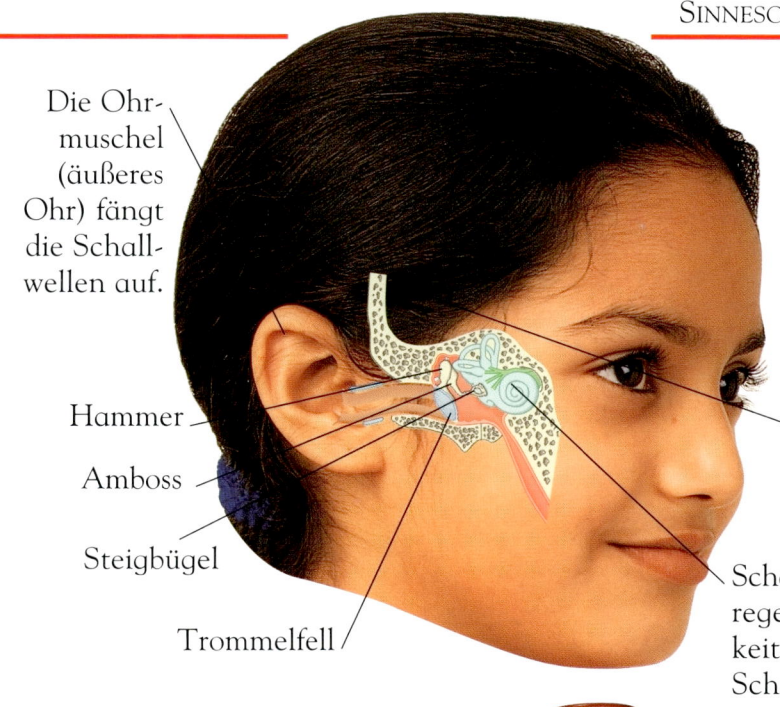

Die Ohrmuschel (äußeres Ohr) fängt die Schallwellen auf.

Hammer

Amboss

Steigbügel

Trommelfell

Schallempfänger

Schallwellen sind winzige Luftschwingungen. Sie werden vom Trommelfell aufgefangen, über drei winzige Knochen übertragen und dann in die Schnecke geleitet, die mit Rezeptorenzellen ausgelegt ist, welche mit eurem Gehirn verbunden sind.

Elektrische Signale werden ans Gehirn gesendet.

Schallschwingungen regen die Flüssigkeit in der Schnecke an.

In der Nase gibt es Millionen von Riechzellen.

Gerüche werden durch Teilchen in der Luft transportiert, die in eure Nasenlöcher eindringen.

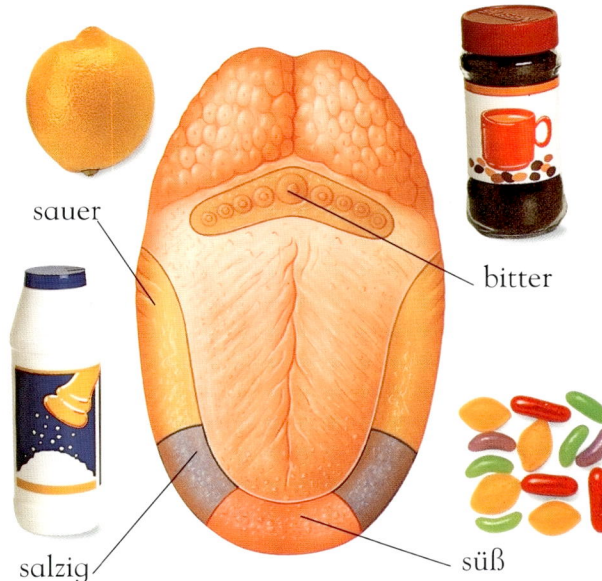

sauer

bitter

salzig

süß

Geschmacksempfinden

Geschmacksknospen nennt man winzige Rezeptoren auf eurer Zunge, mit denen ihr schmeckt, was ihr esst. Die Zunge ist in einzelne Regionen eingeteilt, in denen sich jeweils nur eine Art von Geschmacksknospen befindet, die jeweils nur für einen Geschmack – süß, sauer, salzig oder bitter – empfindlich ist.

Geruchswahrnehmung

Ihr könnt rund 5000 verschiedene Gerüche durch die Zellen im Inneren eurer Nase wahrnehmen. Diese Zellen senden Botschaften an euer Gehirn, damit es den Geruch identifiziert.

Tasten und Fühlen

Euer größtes Sinnesorgan ist eure Haut. An den empfindlichsten Stellen befinden sich die meisten Nervenenden: an eurer Zunge, euren Lippen und Fingerspitzen.

Mich kann man nicht pieksen!

Geschlechtsorgane

Werd nicht rot, Skeletti. Wir alle haben ein Harnsystem und wie die meisten Tiere entweder männliche oder weibliche Organe. Diese Organe bilden das Fortpflanzungssystem, mit dem erwachsene Menschen weitere kleine Menschen machen. Die weiblichen Fortpflanzungsorgane befinden sich im Inneren, wo sie eines Tages ein Baby austragen und schützen. Die männlichen Fortpflanzungsorgane sind außen am Körper.

Harnsystem

Das Harnsystem ist ein Nachbar des Fortpflanzungssystems. Im männlichen Körper teilen sich beide dieselbe Rohrleitung. Eure Nieren filtern unerwünschtes Wasser und Chemikalien aus dem Blut und erzeugen Urin. Der Urin wird in der Blase gespeichert. Ist sie voll, melden euch Drucksensoren in der Blasenwand, dass ihr mal müsst!

Wenn ich mal muss, dann muss ich!

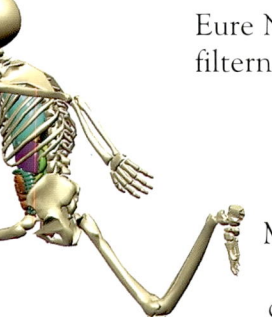

Eure Nieren filtern euer Blut.

Urin wird in einem Muskelsack, der Blase, gespeichert.

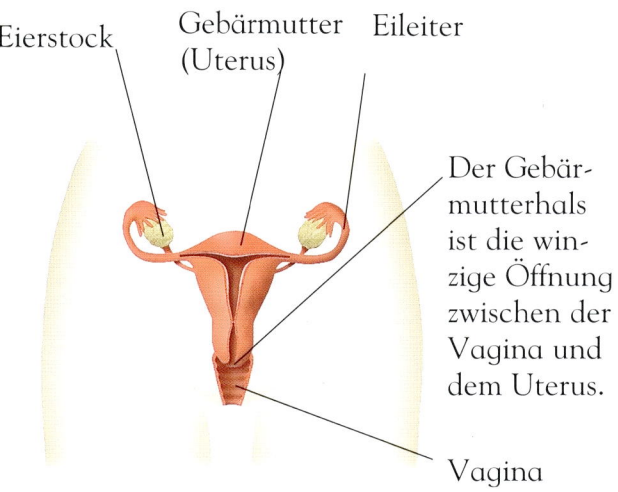

Eierstock — Gebärmutter (Uterus) — Eileiter

Der Gebärmutterhals ist die winzige Öffnung zwischen der Vagina und dem Uterus.

Vagina

Weibliche Organe
Alle Eier einer Frau sind in ihren Eierstöcken gespeichert. Von der Pubertät an, scheiden die Eierstöcke abwechselnd ein Ei pro Monat in die Eileiter aus, wo es durch mikroskopisch kleine haarartige Zellen zur Gebärmutter befördert wird.

Was passiert, wenn ein Spermium auf ein Ei trifft? (Siehe S. 54)

Ein neues Leben
Wenn ein Mann und eine Frau sich lieben, können sie auch ein neues Leben zeugen. Der Penis gleitet in die Vagina, wo er Sperma ausstößt. Trifft ein einzelner Samen auf ein Ei im Eileiter, setzt ein unglaublicher Prozess ein, der ein neues Baby hervorbringt.

Der Zellkern ist voller genetischer Informationen.

Die Spitze jedes Samens schwimmt kräftig zum Ei hin.

Der Schwanz des Spermiums heißt Geißel.

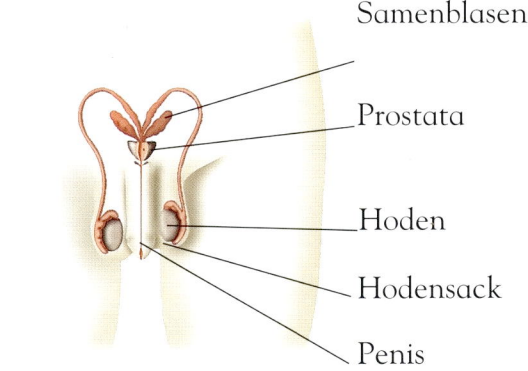

Samenblasen

Prostata

Hoden

Hodensack

Penis

Männliche Organe
Täglich produzieren die beiden Hoden rund 300 Millionen neue Spermien. Die Hoden sind außerhalb des Körpers, weil Sperma kühlere Temperaturen braucht. Die Prostata (Vorsteherdrüse) und die Samenblasen erzeugen die Samenflüssigkeit.

Skeletti sagt
Eierstöcke und Hoden haben viel miteinander gemeinsam. Sie haben etwa die gleiche Größe und Form, treten paarweise auf und sind für die Produktion von Sexualzellen (Eiern und Samen) zuständig. Beide entstehen aus dem gleichen kleinen Zellhaufen, der sich in der ersten Lebenswoche bildet. Ein weibliches Baby hat bei der Geburt schon alle Eizellen in den Eierstöcken – insgesamt rund 200000.

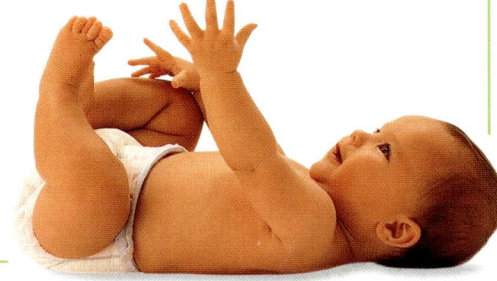

Körper- mechanik

Hirnenergie
Kein Computer kann es mit eurem Gehirn in Bezug auf Kreativität und bei der Lösung von Problemen aufnehmen.

Bei euch zu Hause seht ihr alle möglichen Werkzeuge und Maschinen. Einfache Werkzeuge wie Schraubenzieher haben nur eine Funktion, andere können mehrere Dinge gleichzeitig ausführen. Aber nichts ist so komplex und erstaunlich wie die Maschine, in der ihr lebt: euer Körper. Jede einzelne Zelle hat ihre Rolle, um euch am Leben zu erhalten. In diesem Kapitel erfahrt ihr, wie eure Körpersysteme zusammenarbeiten, um die Temperatur eures Körpers zu regeln, seinen Brennstoff zu verarbeiten, sich selbst vor Keimen zu schützen und sich zu reparieren.

Wirkungsvolle Verständigung
Im Unterschied zu einem Radio macht ihr nicht bloß Geräusche, um euch untereinander zu verständigen. Ihr lächelt, schmollt, verändert eure Mimik und gebraucht die Körpersprache.

Dann brauch' ich ja gar keinen Werkzeugkasten!

Tolle Anpassungsfähigkeit
Kein Fahrzeug kann sich in jedem Gelände so bewegen wie ihr.

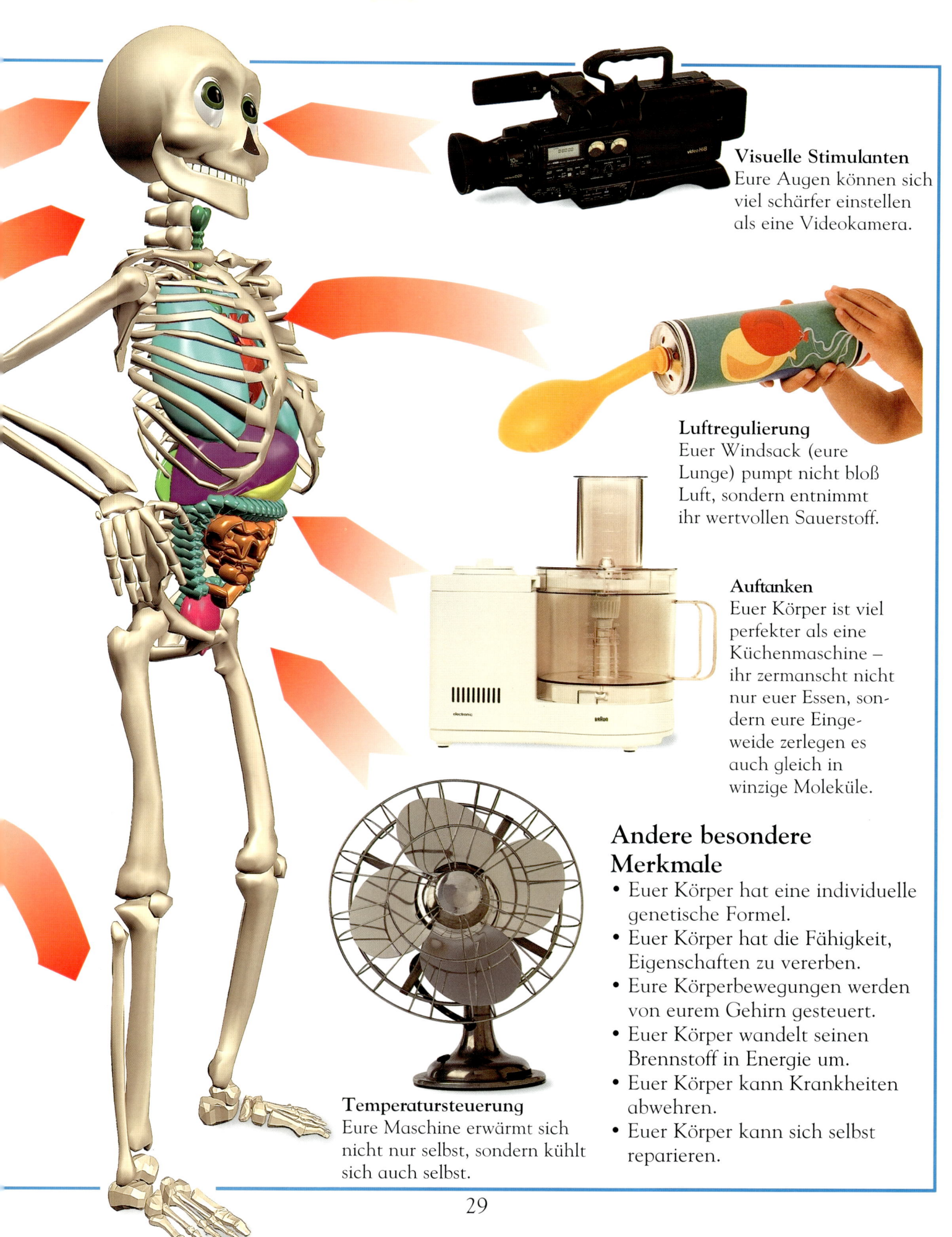

Visuelle Stimulanten
Eure Augen können sich viel schärfer einstellen als eine Videokamera.

Luftregulierung
Euer Windsack (eure Lunge) pumpt nicht bloß Luft, sondern entnimmt ihr wertvollen Sauerstoff.

Auftanken
Euer Körper ist viel perfekter als eine Küchenmaschine – ihr zermanscht nicht nur euer Essen, sondern eure Eingeweide zerlegen es auch gleich in winzige Moleküle.

Andere besondere Merkmale
- Euer Körper hat eine individuelle genetische Formel.
- Euer Körper hat die Fähigkeit, Eigenschaften zu vererben.
- Eure Körperbewegungen werden von eurem Gehirn gesteuert.
- Euer Körper wandelt seinen Brennstoff in Energie um.
- Euer Körper kann Krankheiten abwehren.
- Euer Körper kann sich selbst reparieren.

Temperatursteuerung
Eure Maschine erwärmt sich nicht nur selbst, sondern kühlt sich auch selbst.

29

Man ist, was man isst

Von den ersten Hungergefühlen bis zur Weitergabe von Nährstoffen an die Zellen ist jedes System in eurem Körper am Prozess des Findens, Essens und Verwertens von Nahrung beteiligt und nutzt ihn. Fast alles an euch entsteht aus den Dingen, die durch euren Mund in den Körper gelangen. Essen und Trinken liefern auch die Energie, die ihr zum Leben braucht.

1 Hungergefühl

Unsere Geschichte beginnt mit einem Magenknurren, wenn der leere Magen Hungeralarm schlägt. Das Gehirn versetzt die Sinne in Essbereitschaft.

Wie nutzt der menschliche Körper die Sonnenenergie? (Siehe S.77)

Die Nase spürt, ob das Essen frisch ist oder nicht.

Am Essen sind Zähne, Zunge, Speicheldrüsen und Muskeln beteiligt, die den Kiefer bewegen.

2 Essenssuche

Safi ist hungrig. Seine Augen sehen eine Banane und sein Gehirn erinnert sich, dass diese gelbe, süß riechende Frucht essbar ist. Das Gehirn sagt dann den Händen, was zu tun ist.

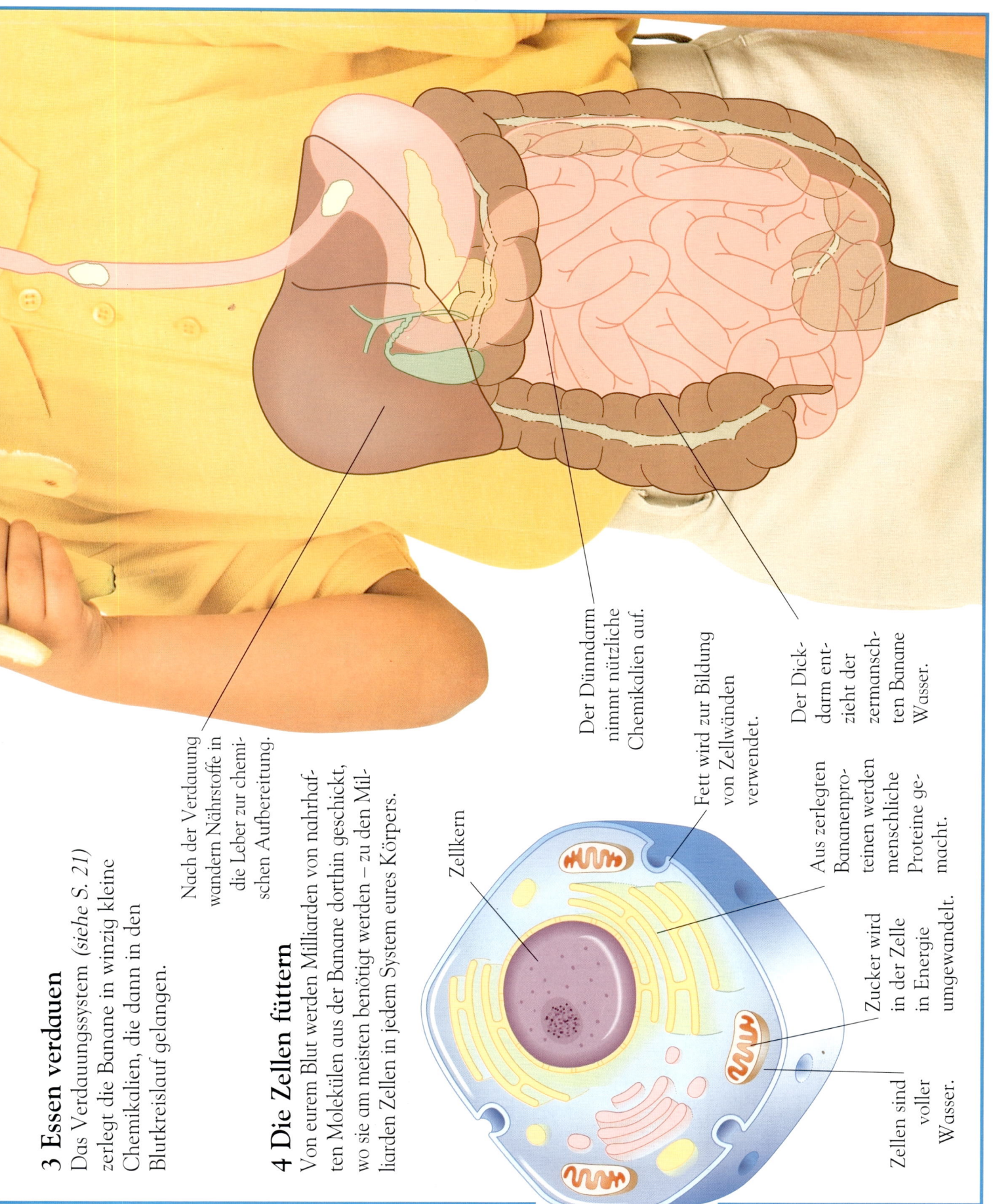

3 Essen verdauen

Das Verdauungssystem *(siehe S. 21)* zerlegt die Banane in winzig kleine Chemikalien, die dann in den Blutkreislauf gelangen.

Nach der Verdauung wandern Nährstoffe in die Leber zur chemischen Aufbereitung.

4 Die Zellen füttern

Von eurem Blut werden Milliarden von nahrhaften Molekülen aus der Banane dorthin geschickt, wo sie am meisten benötigt werden – zu den Milliarden Zellen in jedem System eures Körpers.

Der Dünndarm nimmt nützliche Chemikalien auf.

Der Dickdarm entzieht der zermanschten Banane Wasser.

Fett wird zur Bildung von Zellwänden verwendet.

Aus zerlegten Bananenproteinen werden menschliche Proteine gemacht.

Zellkern

Zucker wird in der Zelle in Energie umgewandelt.

Zellen sind voller Wasser.

31

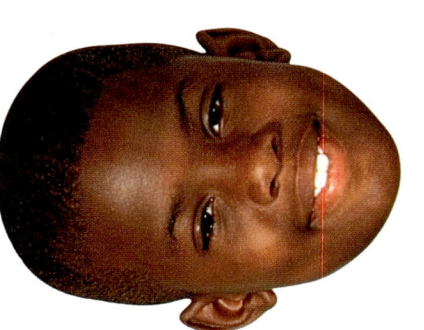

So arbeiten Zellen

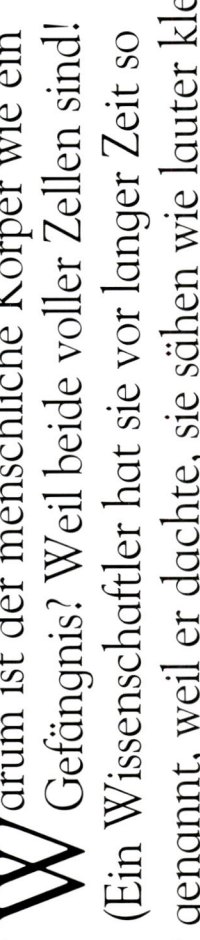

Warum ist der menschliche Körper wie ein Gefängnis? Weil beide voller Zellen sind! (Ein Wissenschaftler hat sie vor langer Zeit so genannt, weil er dachte, sie sähen wie lauter kleine Räume aus.) Jede Zelle hat ein Kontrollzentrum, den Kern, der 46 Chromosome enthält. Sie bestehen aus genetischem Material, der Desoxyribonukleinsäure (DNA).

Hautpigmentproteine

Die für das Pigment in eurer Haut zuständigen Zellen heißen Melanozyten. Sie bilden das Hautfarbenprotein namens Melanin, das euch vor der Sonne schützt. Eure Hautfarbe richtet sich nach der Menge des Melanins in eurer Haut. Je mehr Melanin ihr habt, desto dunkler ist eure Haut.

Wegen der Proteine, die sie erzeugen, sehen Zellen verschieden aus.

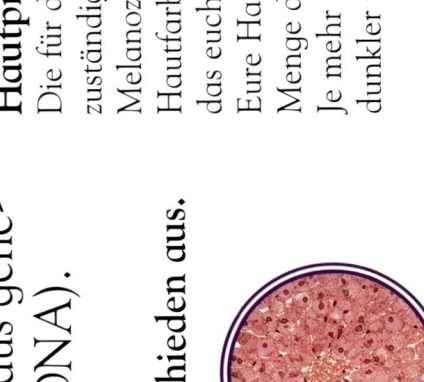

BLUTZELLEN

KNOCHENZELLEN

MUSKELZELLEN

LEBERZELLEN

Wie funktionieren Zellen?

Die DNA-Stränge in jedem Zellkern sind wie eine Bibliothek voller Gebrauchsanweisungen. Sie enthalten alle Informationen für die verschiedenen Aufgaben, die euer Körper jeden Tag erledigen muss, um euch in Gang zu halten.

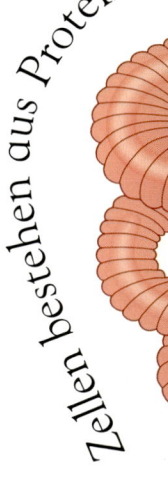

Zellen bestehen aus Proteinen.

Ihr besteht aus Zellen.

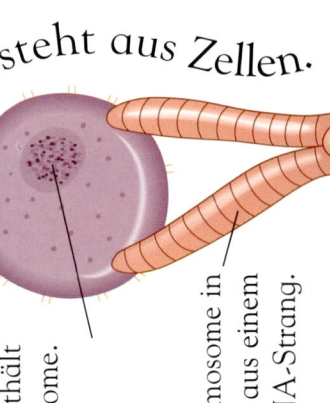

Der Zellkern enthält die Chromosome.

Jedes der 46 Chromosome in jeder Zelle besteht aus einem einzelnen DNA-Strang.

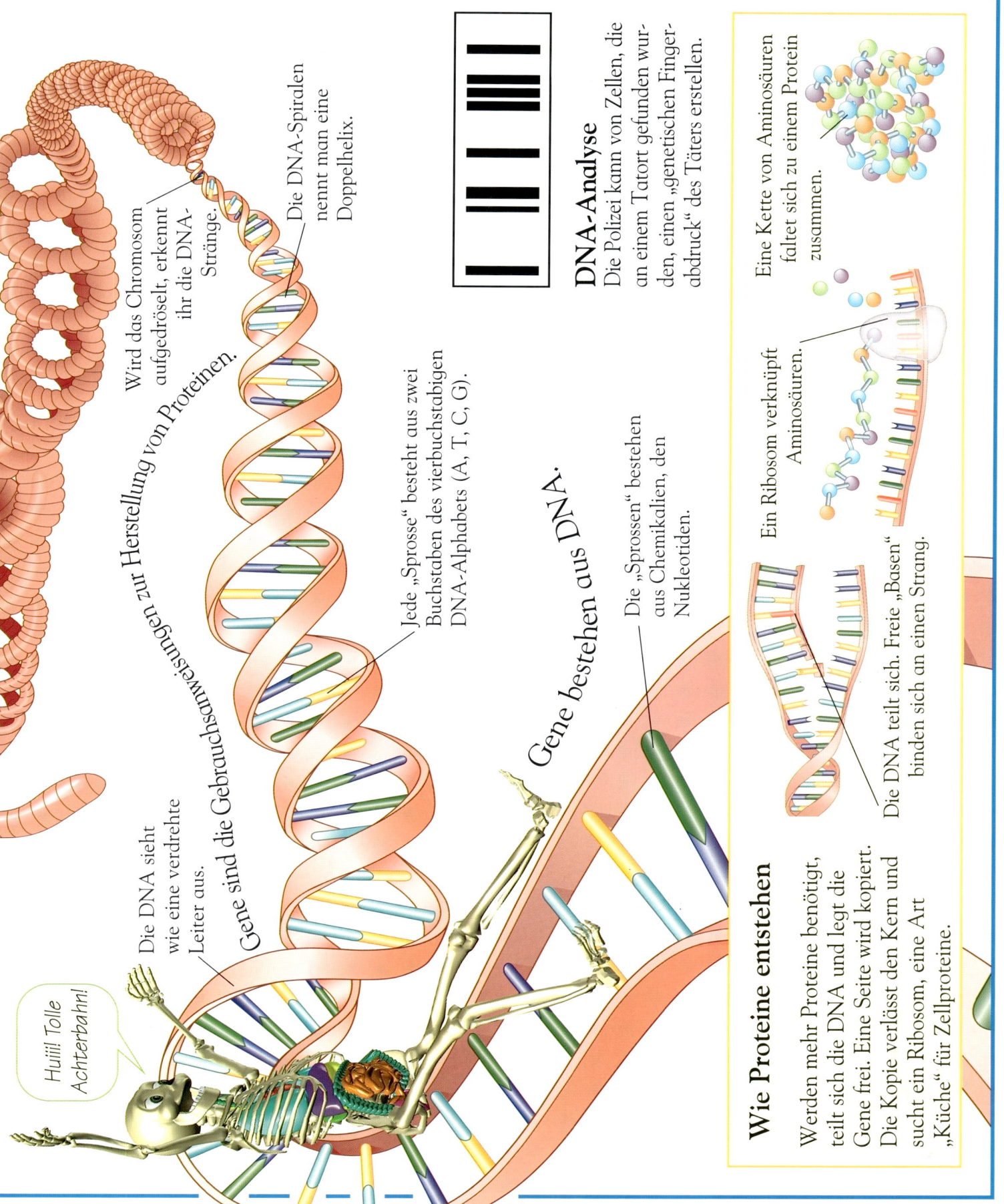

Wird das Chromosom aufgedröselt, erkennt ihr die DNA-Stränge.

Die DNA-Spiralen nennt man eine Doppelhelix.

Gene sind die Gebrauchsanweisungen zur Herstellung von Proteinen.

Jede „Sprosse" besteht aus zwei Buchstaben des vierbuchstabigen DNA-Alphabets (A, T, C, G).

Die DNA sieht wie eine verdrehte Leiter aus.

Huiii! Tolle Achterbahn!

DNA-Analyse

Die Polizei kann von Zellen, die an einem Tatort gefunden wurden, einen „genetischen Fingerabdruck" des Täters erstellen.

Eine Kette von Aminosäuren faltet sich zu einem Protein zusammen.

Ein Ribosom verknüpft Aminosäuren.

Gene bestehen aus DNA.

Die „Sprossen" bestehen aus Chemikalien, den Nukleotiden.

Die DNA teilt sich. Freie „Basen" binden sich an einen Strang.

Wie Proteine entstehen

Werden mehr Proteine benötigt, teilt sich die DNA und legt die Gene frei. Eine Seite wird kopiert. Die Kopie verlässt den Kern und sucht ein Ribosom, eine Art „Küche" für Zellproteine.

Zellen erneuern sich

Wie alle Lebewesen sterben Zellen irgendwann. Euer Körper sorgt dafür, dass ihr
nicht mit ihnen sterbt. Dank der erstaunlichen
Fähigkeit der DNA, exakte Kopien von sich
zu machen, ersetzt der Körper in jeder Sekunde
Millionen alter Zellen durch neue.

Zellen kopieren

Bevor sich eine Zelle teilen
kann, um neue Zellen zu bilden, muss die DNA in ihr
eine Kopie von sich machen.
Es dauert etwa acht Stunden,
um alle 46 Chromosomen
einer Zelle
zu kopieren.

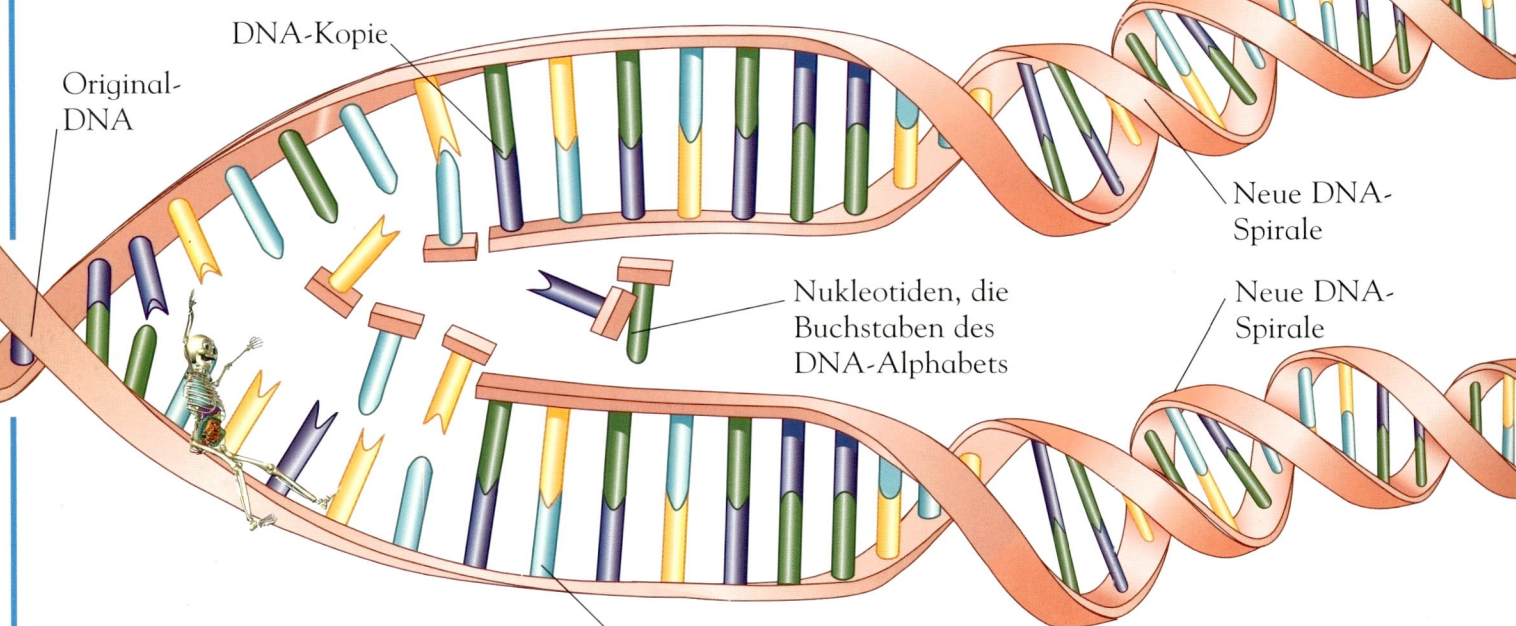

DNA-Kopie

Original-
DNA

Neue DNA-
Spirale

Nukleotiden, die
Buchstaben des
DNA-Alphabets

Neue DNA-
Spirale

DNA-Kopie

Mitose

Sobald sich die DNA in einem Zellkern
kopiert hat, kann sich die Zelle teilen,
um eine identische Kopie von sich zu
erstellen. Dieser Prozess heißt Mitose.

Kern

Die Chromosomen
reihen sich in der
Mitte der Zelle auf.

Die Chromosomen
teilen sich und
bewegen sich in je
eine Zell-Hälfte.

Eine neue Membran
bildet sich um jeden der
beiden neuen Kerne.

Die Zelle hat sich
in zwei identische
Zellen geteilt.

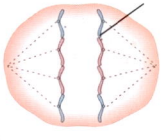
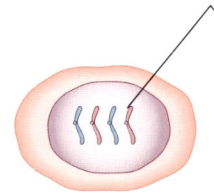
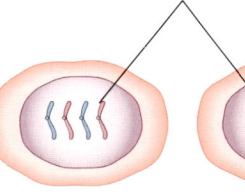

ALLE 46 CHROMOSOME
WERDEN VERDOPPELT.

METAPHASE

ANAPHASE

TELOPHASE

ZWEI GETRENNTE ZELLEN

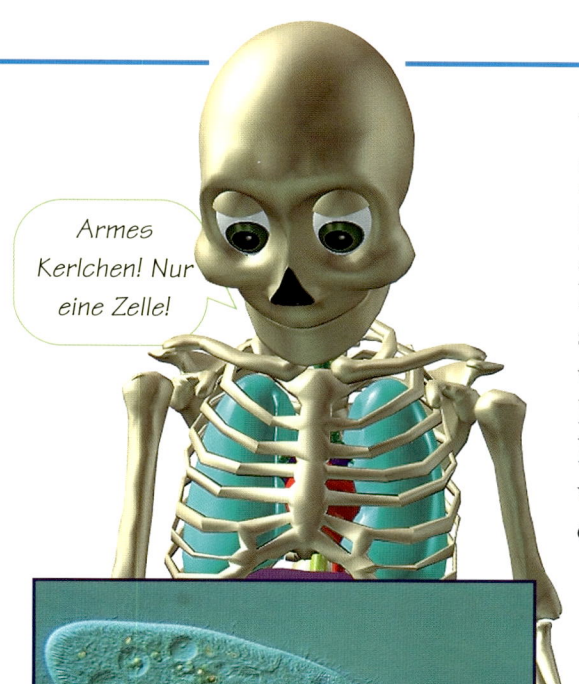

Armes Kerlchen! Nur eine Zelle!

Unkontrolliertes Zellwachstum

Eine Krebszelle ist jede normale Zelle, die die Fähigkeit verloren hat, ihre Selbstverdopplung zu steuern. Werden Krebszellen wie diese hier nicht vom Immunsystem aufgehalten, können sie sich unkontrollierbar vermehren und eine Wucherung, einen so genannten Tumor bilden.

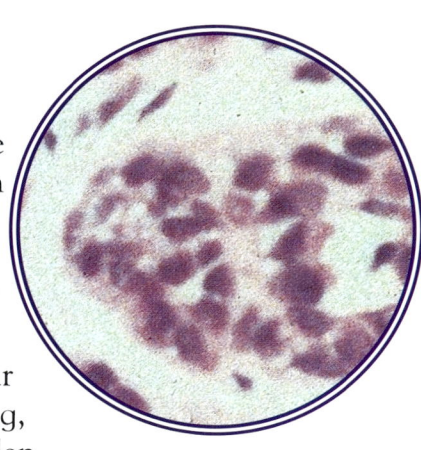

Einzelliges Tier

Tiere wie dieses Pantoffeltierchen bestehen nur aus einer Zelle. Sie pflanzen sich genauso fort wie eure Zellen.

Einzelne Zelle

Nicht alle Zellen sind winzig. Wusstet ihr, dass ein Eigelb nur eine Riesenzelle ist? Sie ist mit Fetten und Protein für das Küken gefüllt, enthält aber nur einen Zellkern.

Skeletti sagt

Wäre jede eurer 50 Billiarden Zellen so groß wie ein Sandkorn, wärt ihr so groß wie ein Wolkenkratzer! In den Punkt am Ende dieses Satzes passen 500 menschliche Zellen.

Den Körper bewegen

Bewegungsbefehle kommen aus verschiedenen Teilen eures Gehirns. Willkürliche Bewegungen werden von der so genannten Großhirnrinde, unwillkürliche Bewegungen werden vom Hirnstamm gesteuert. Das Gehirn sendet seine Befehle durch ein Netzwerk von Nerven – euer Nervensystem.

Fragt Skeletti

Wie elektrisch sind wir?

Ihr habt in eurem Nervensystem elektrische Impulse, die aber viel schwächer sind als der Niederspannungsstrom zum Beispiel in einem Kopfhörer. Die Spannung in einer Glühbirne ist vier Millionen Mal stärker!

Ein Muskel zieht den Daumen hinunter. Ein anderer Muskel zieht ihn wieder hoch.

Einen Muskel bewegen

Auf die Plätze, fertig, Daumen biegen! An dieser einfachen Bewegung sind Millionen Zellen und komplexe chemische Reaktionen beteiligt. Organe aus fast allen Körpersystemen werden dabei eingeschaltet.

1 Eure Augen lesen die Anweisungen, und euer Gehirn interpretiert die Worte. Die Botschaft wird in einen elektrischen Impuls umgewandelt.

2 Der Befehl „Daumen bewegen" geht vom motorischen Befehlszentrum des Gehirns in der Großhirnrinde aus.

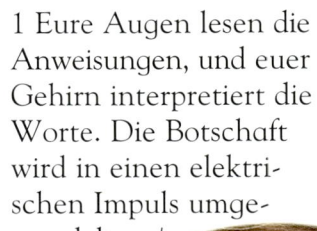

3 Der Impuls läuft durch die Nerven des Rückenmarks wie Daten durch eine Telefonleitung.

4 Der Impuls verlässt das Rückenmark durch eine Lücke zwischen zwei Wirbeln und pflanzt sich im Arm entlang fort.

5 Der Impuls erreicht die Handmuskeln, die am Daumen ziehen.

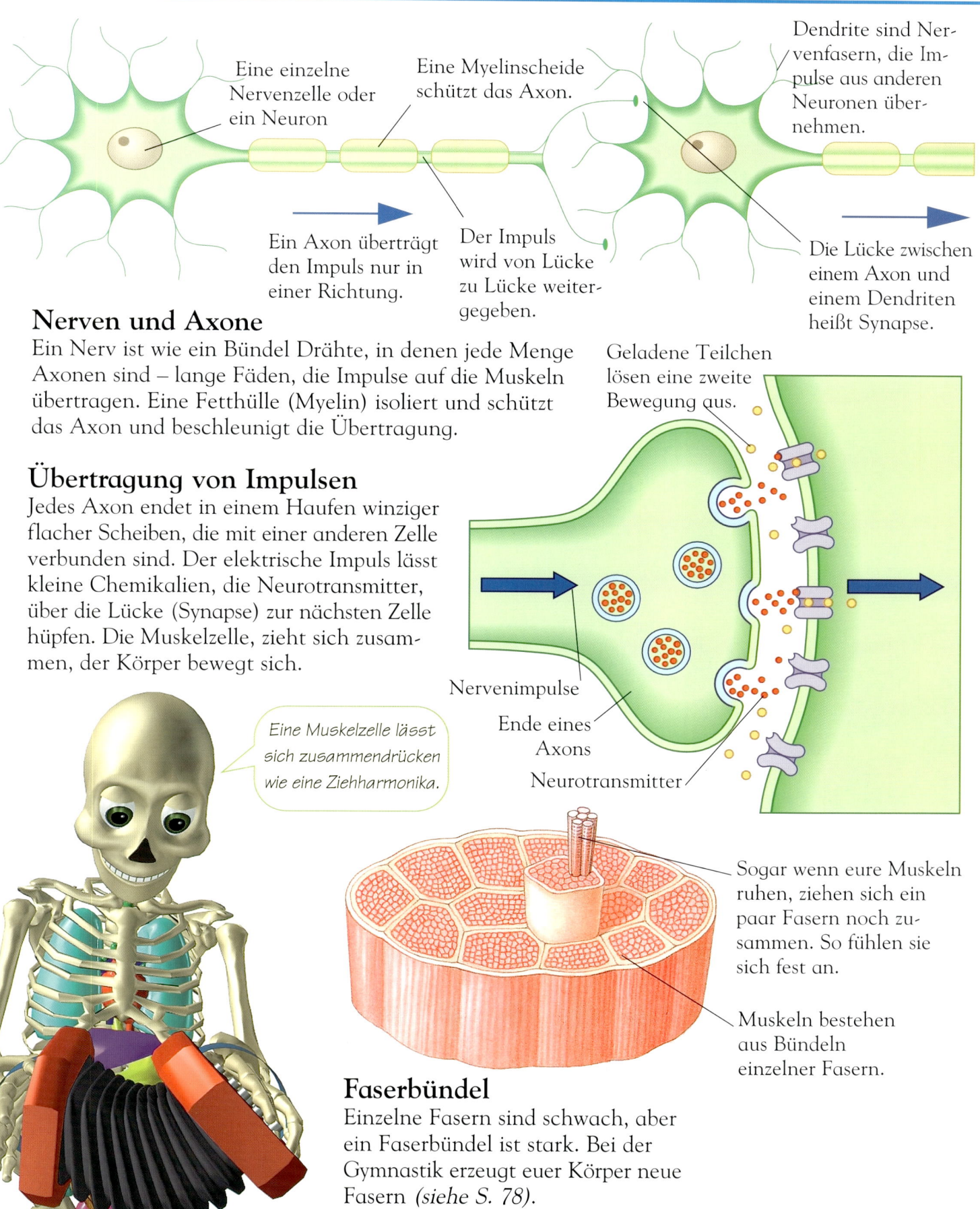

Eine einzelne Nervenzelle oder ein Neuron

Eine Myelinscheide schützt das Axon.

Dendrite sind Nervenfasern, die Impulse aus anderen Neuronen übernehmen.

Ein Axon überträgt den Impuls nur in einer Richtung.

Der Impuls wird von Lücke zu Lücke weitergegeben.

Die Lücke zwischen einem Axon und einem Dendriten heißt Synapse.

Nerven und Axone

Ein Nerv ist wie ein Bündel Drähte, in denen jede Menge Axonen sind – lange Fäden, die Impulse auf die Muskeln übertragen. Eine Fetthülle (Myelin) isoliert und schützt das Axon und beschleunigt die Übertragung.

Übertragung von Impulsen

Jedes Axon endet in einem Haufen winziger flacher Scheiben, die mit einer anderen Zelle verbunden sind. Der elektrische Impuls lässt kleine Chemikalien, die Neurotransmitter, über die Lücke (Synapse) zur nächsten Zelle hüpfen. Die Muskelzelle, zieht sich zusammen, der Körper bewegt sich.

Geladene Teilchen lösen eine zweite Bewegung aus.

Nervenimpulse

Ende eines Axons

Neurotransmitter

Eine Muskelzelle lässt sich zusammendrücken wie eine Ziehharmonika.

Sogar wenn eure Muskeln ruhen, ziehen sich ein paar Fasern noch zusammen. So fühlen sie sich fest an.

Muskeln bestehen aus Bündeln einzelner Fasern.

Faserbündel

Einzelne Fasern sind schwach, aber ein Faserbündel ist stark. Bei der Gymnastik erzeugt euer Körper neue Fasern *(siehe S. 78)*.

Bewegt euch

Warum atmet ihr? Vor allem weil eure Zellen Energie benötigen. Sonst würden sie rasch sterben. Zellen erzeugen Energie, indem sie Zucker aus eurem Essen mit Sauerstoff aus der Luft, die ihr atmet, mischen. Eure Systeme sorgen gemeinsam dafür, dass die richtigen Organe die Energie, die sie brauchen, zum richtigen Zeitpunkt bekommen. Wenn ihr zum Beispiel mit dem Rad bergauf fahrt, brauchen eure Beine schnell eine Menge Energie.

Wie kühlt Schweiß den Körper ab? (Siehe S. 40)

Skeletti sagt

Profiradfahrer sind so fit, dass ihr Herz doppelt so viel Blut mit jedem Schlag pumpt wie bei einem normal trainierten Menschen. Im Ruhezustand muss ihr Herz nur 30 Mal pro Minute schlagen – bei einem normalen Menschen etwa 70 Mal.

Bergauf-Leistung

Bergauf zu fahren ist harte Arbeit für eure Bein- und Gesäßmuskeln. Sie senden eine chemische Botschaft ans Gehirn und verlangen mehr Zucker und Sauerstoff.

Die Herzfrequenz klettert von 70 auf 100 Schläge pro Minute.

Mehr Blut fließt in eure Beine und ins Gesäß.

Kleine Muskeln entlang euren Arterien lenken das Blut zu euren Beinen.

Die Wangen röten sich, wenn Blut an die Hautoberfläche schießt, damit die Wärme an die Luft entweicht.

Ich rannte, tanzte, sprang, du Gute, und jetzt ist mir so heiß zu Mute.

Probiert es aus

Sauerstoff ist nötig, um Energie freizusetzen, im Körper wie außerhalb davon. Ihr könnt es beweisen. Stülpt ein großes Glas über eine brennende Kerze. Ist der Sauerstoff verbrannt, geht die Flamme aus. Auch euer Körper muss ständig mit Sauerstoff versorgt werden, um Energie aus eurer Nahrung zu holen. Euren Sauerstoff bekommt ihr beim Atmen.

Die Lunge keucht weiter.

Der Herzschlag wird langsam wieder normal.

Spürt die Wärme

Ihr braucht Energie, um eure Muskeln zu betätigen. Bei der Umwandlung von Energie aus Nahrung in Bewegung wird auch viel Wärme erzeugt. Bei großer Anstrengung staut sich die Wärme und muss freigesetzt werden.

Ausruhen beim Bergabfahren

Euer Körper kann sich von den Strapazen der Bergfahrt erholen. Er nutzt die Gelegenheit auch dazu, ein paar weitere Proteine aufzubauen, so dass ihr besser auf den nächsten Anstieg vorbereitet seid.

Die Beine benötigen noch zusätzlichen Sauerstoff, um sich von der Anstrengung zu erholen.

Chemisches Gleichgewicht

Draußen kann es kalt und windig sein, aber in eurer Haut ist das Wetter immer gleich: warm und nass. Wie in einem Sumpf! Was seine Temperatur, seinen Wasser- und seinen Chemiehaushalt betrifft, stellt euer Körper ganz besondere Ansprüche.

Schweiß wird von den Schweißdrüsen abgesondert.

Winzige Muskeln stellen Härchen auf, um warme Luft einzufangen.

SCHWEISS

GÄNSEHAUT

Wärme raus

Eure Haut hält mit Hilfe von Schweiß eure Temperatur konstant. Verdunstet Schweiß, entzieht er dem Körper zusätzliche Wärme, damit er sich abkühlt.

Wärme rein

Bei Kälte zittert ihr und bekommt eine Gänsehaut. Zur Körperoberfläche fließt weniger Blut und das hilft, die Wärme eurer Organe im Innern zu erhalten.

Kalt- und warmblütig

Kaltblüter wie Eidechsen müssen in der Sonne baden, um ihre optimale Temperatur zu erreichen. Wir Menschen sind Warmblüter: Unser Körper hat bei jedem Wetter konstant 37°.

Fragt Skeletti

Warum riecht Schweiß?

Er riecht gar nicht. Aber die Bakterien, die die speziellen Fette im Schweiß essen, scheiden eine sehr stark riechende Chemikalie aus. Eure Schweißdrüsen erzeugen diese Fette erst von der Pubertät an.

Skeletti sagt

Menschen, die viel Alkohol trinken, können ihre Leber schädigen und eine Krankheit namens Zirrhose bekommen. Manchmal heilt der Schaden nicht mehr und die Krankheit endet tödlich.

Körperchemie

Der menschliche Körper ist ein großer Chemiebaukasten. Er benötigt das richtige chemische Gleichgewicht, um all seine Aufgaben, vom Zellaufbau bis zum Muskelspiel, zu erledigen. Daher haben wir in unserem Körper eine unglaubliche Chemiefabrik: die Leber!

Die Leber erzeugt Blutproteine, entschärft Gifte und zerlegt Nahrung zum Speichern oder Freisetzen von Energie.

Die Bauchspeicheldrüse erzeugt Insulin, das für den richtigen Blutzuckerspiegel sorgt.

Die Nieren stellen die Urinkonzentration ein, damit der Wasserhaushalt stimmt.

Wasserhaushalt

Damit die Zellen arbeiten und euer Blut leicht fließen kann, bemüht sich euer Körper, den Wassergehalt bei rund 62% eures Körpergewichts zu halten.

Kampf den Keimen

Sobald ein Virus oder eine schädliche Bakterie in euch gelangt, versucht sie, eine große Kolonie zu bilden, die euch krank machen kann. Vom Ohrenschmalz bis zum Nasenschleim hat euer Körper viele Möglichkeiten, Keime abzuwehren. Falls sie doch hereinkommen, treten die weißen Blutkörperchen (Lymphozyten) in Aktion. Sie erinnern sich an jeden Keim, so dass sie ihn rascher abwehren, falls er noch einmal angreift.

An der Front

Die Haut stellt eine fast perfekte Barriere gegen Keime dar. Leider hat sie „Löcher" und daher postiert euer Körper Wachen an allen Öffnungen, um Keimeindringlinge abzuwehren.

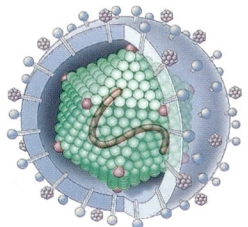

Bakterien

Bakterien sind einzellige Tiere. Manche sind sehr nützlich für euren Körper, aber andere machen euch krank.

Viren

Viren befallen gesunde Zellen. Sie überlisten eure Zellen, indem sie Virenzellen kopieren, damit sich eine Krankheit ausbreitet.

Keime bleiben im Ohrenschmalz hängen.

Tränen enthalten keimtötende Proteine.

Lider und Wimpern halten das Auge sauber.

Nasenhärchen verteidigen die Nase.

Gaumen- und Rachenmandeln hinten in der Kehle säubern die Luft, die ihr einatmet.

Spucke enthält keimtötende Proteine.

Fragt Skeletti

Warum kann ich die Masern nur ein Mal bekommen?

Die Lymphozyten vergessen das Masernvirus nie und greifen es an, wenn sie ihm noch einmal begegnen.

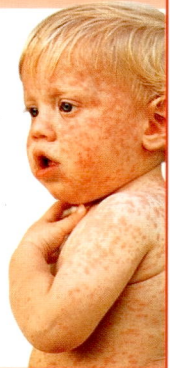

Bakterien vernichten

Im Knochenmark, in den Lymphknoten und der Milz erzeugte Lymphozyten suchen nach Bakterien, um sie zu vernichten.

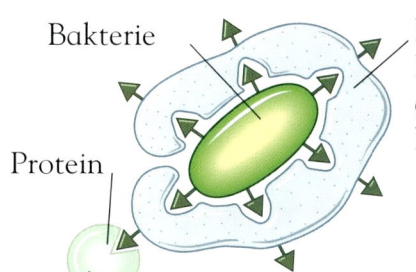

Bakterie

Protein

Eine andere Art von Lymphozyten verzehrt ganze eindringende Bakterien.

1 Eine Lymphozyte „lernt", eine feindliche Bakterie wieder zu erkennen.

2 Die Lymphozyte entwickelt Antikörper, um sie im Krieg gegen eindringende Bakterien einzusetzen.

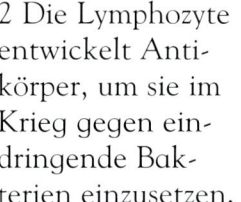

3 Antikörper docken an Bakterien an und vernichten sie.

Mehr Zellen treffen ein, um in den Kampf einzugreifen.

Sieg über Viren

Wie erkennt ihr euren Feind, wenn ihr keine Augen habt, um ihn zu sehen? Lymphozyten sind chemische Polizisten. Sie überprüfen jeden Verdächtigen auf verräterische Proteine.

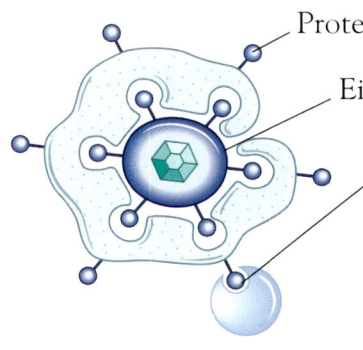

Protein

Eindringling

1 Die Lymphozyte „zeigt" ein Virusprotein einer anderen Art von Lymphozyte, einer so genannten T-Zelle.

2 Die T-Zellen vermehren sich zu Killerzellen voller Antikörper.

3 Killerzellen bombardieren Viren mit Antikörpern.

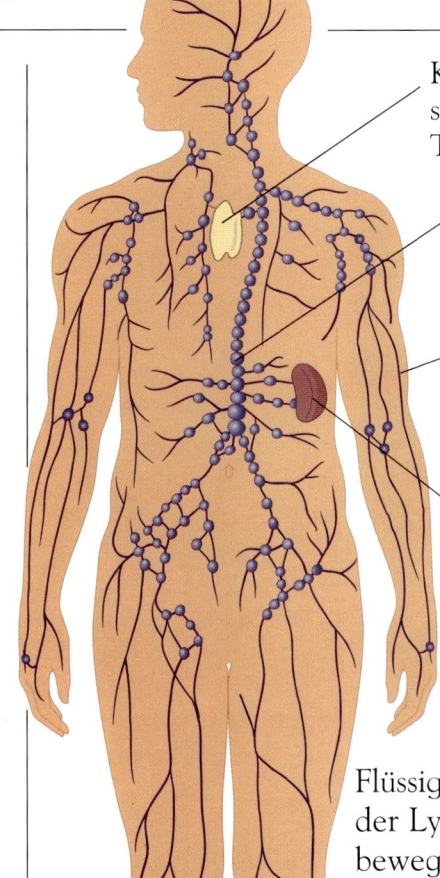

Killerzellen entwickeln sich und reifen in der Thymusdrüse.

Lymphknoten beherbergen Millionen weißer Blutzellen.

Lymphgefäße befördern Lymphe an jede Zelle in eurem Körper.

Lymphozyten reifen in der Milz.

Lymphatisches System

Die Lymphe ist eine Flüssigkeit voller keimtötender Lymphozyten. Sie bewegt sich durch ein Netzwerk von Lymphgefäßen fort. Die Verdickungen an den Hauptgefäßen heißen Lymphknoten. Diese können anschwellen, wenn euer Körper eine Infektion bekämpft.

Reparaturzellen

Unser Körper ist mit einem kompletten Flickzeug ausgestattet. Das Blut enthält alles, womit sich leichtere Verletzungen beheben lassen. Wenn ihr euch schneidet, aufschürft oder einen Knochen brecht, sind die Reparaturzellen schneller zur Stelle, als ihr „Skeletti" sagen könnt!

Halte still! Hilfe ist unterwegs!

Wie sich Schorf bildet

Wird ein Blutgefäß durchtrennt, rasen Blutplättchen zur Rettung herbei. Sie erzeugen eine Chemikalie, die den Blutstrom verlangsamt. Fibrinstränge, die sich aus einem Protein im Blut bilden, verstopfen das Loch mit einem Schorf.

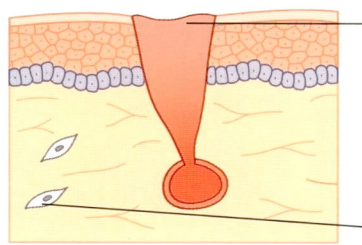

Das Fibrin stoppt die roten Blutzellen und beginnt, ein Gerinnsel zu bilden.

Weiße Blutkörperchen eilen herbei.

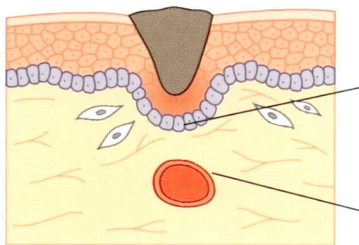

Hautzellen verbinden sich über die Lücke hinweg.

Das Blutgefäß repariert das eigene Loch.

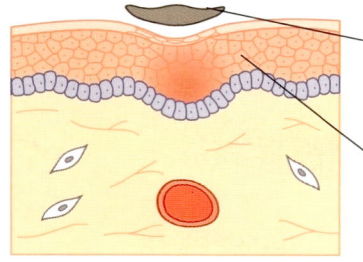

Der Schorf fällt ab, wenn die Hautzellen darunter reifen und alte absterben.

Neue Hautzellen vermehren sich schnell zu einer dichten Barriere.

Knieverletzung

Schnitte, Schrammen und Risse in der Haut lassen Keime in euren Körper gelangen. Eine infizierte Verletzung fühlt sich warm an, sieht rot aus und tut weh! Eine antiseptische Creme hilft eurem Immunsystem im Kampf gegen die Keime.

Fragt Skeletti

Wie funktionieren Röntgenstrahlen?

Röntgenstrahlen sind Energiestrahlen mit hoher Frequenz. Sie durchleuchten alle Körpergewebe außer Knochen. Diese werfen einen Schatten auf dem Film, mit dem das Röntgenbild festgehalten wird.

Knochen flicken

Sogar die unglaublich starken und flexiblen Knochen brechen bei zu großer Belastung. Aber da sie aus lebenden Zellen bestehen, können sie sich selbst reparieren.

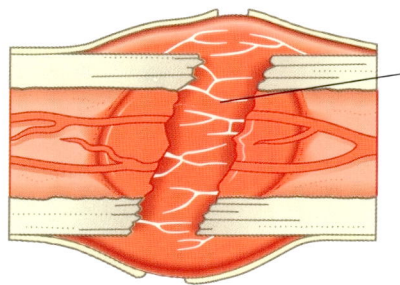

Nach dem Bruch bilden Proteinstränge ein Gerüst für die heilenden Knorpel- und Knochenaufbauzellen.

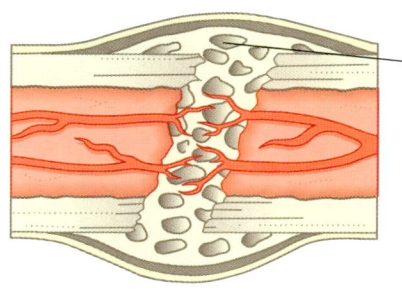

Knochenbildner (Osteoblasten) legen einen dichten neuen Knochen an und hinterlassen einen sehr klobigen Flicken.

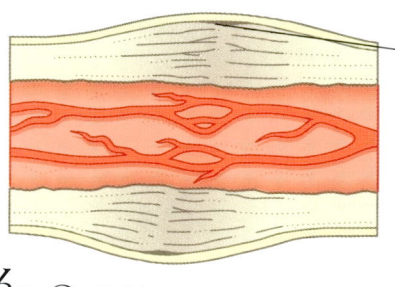

Osteoklasten (Knochenabbauer) beseitigen überschüssigen Knochen und glätten die Flickstelle.

Wie müsst ihr einen Schnitt behandeln? (Siehe S. 90)

Genäht

Ist ein Schnitt so breit und tief, dass sich kein Schorf bilden kann, wird die Haut genäht, damit der Schnitt verheilt.

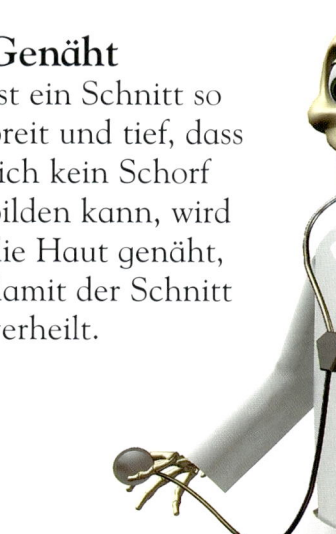

45

Wie ihr denkt

Bei jedem Gedanken breitet sich ein elektrischer Strom im komplexen Verbindungsnetz des Gehirns aus. Zum Teil habt ihr es unter Kontrolle – das ist euer bewusstes Denken. Aber viel mehr Denken findet ohne euer Wissen statt. Dieses Gemisch aus Gefühlen, Ängsten und Vorstellungen nennt man das Unbewusste.

Wählen

Scherzen

Angst haben

Träumen

Voraussagen

Sich verlieben

Studieren

Erinnern

Wie funktionieren Nervenzellen? (Siehe S. 37)

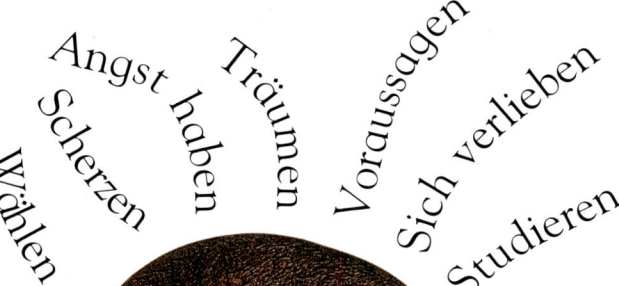

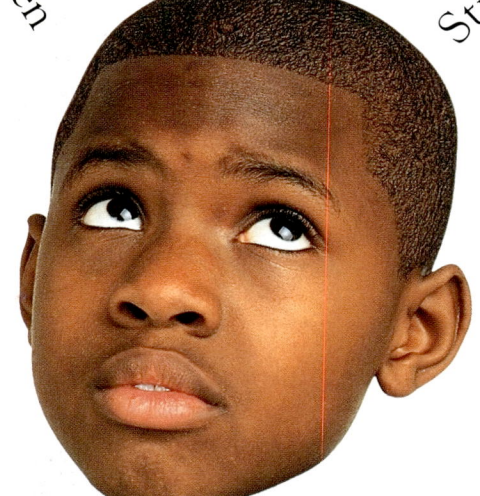

Denkt darüber nach!

Vom Tagträumen bis zum Einprägen der Rechtschreibung wird jedes Denken durch elektrische Ströme verursacht, die auf Nervenbahnen durch die Regionen eures Gehirns fließen. Geistige Tätigkeiten wie Lesen und Rätsel lösen schaffen Verbindungen und trainieren euer Gehirn.

Probiert es aus

Wir denken so, wie wir sind. Stellt euch, dann euren Freunden oder Familienangehörigen folgende Frage: Was seht ihr hier – ein halb volles oder ein halb leeres Glas? Man sagt, die Antwort „halb voll" verrate eine optimistische, die Anwort „halb leer" eine pessimistische Einstellung.

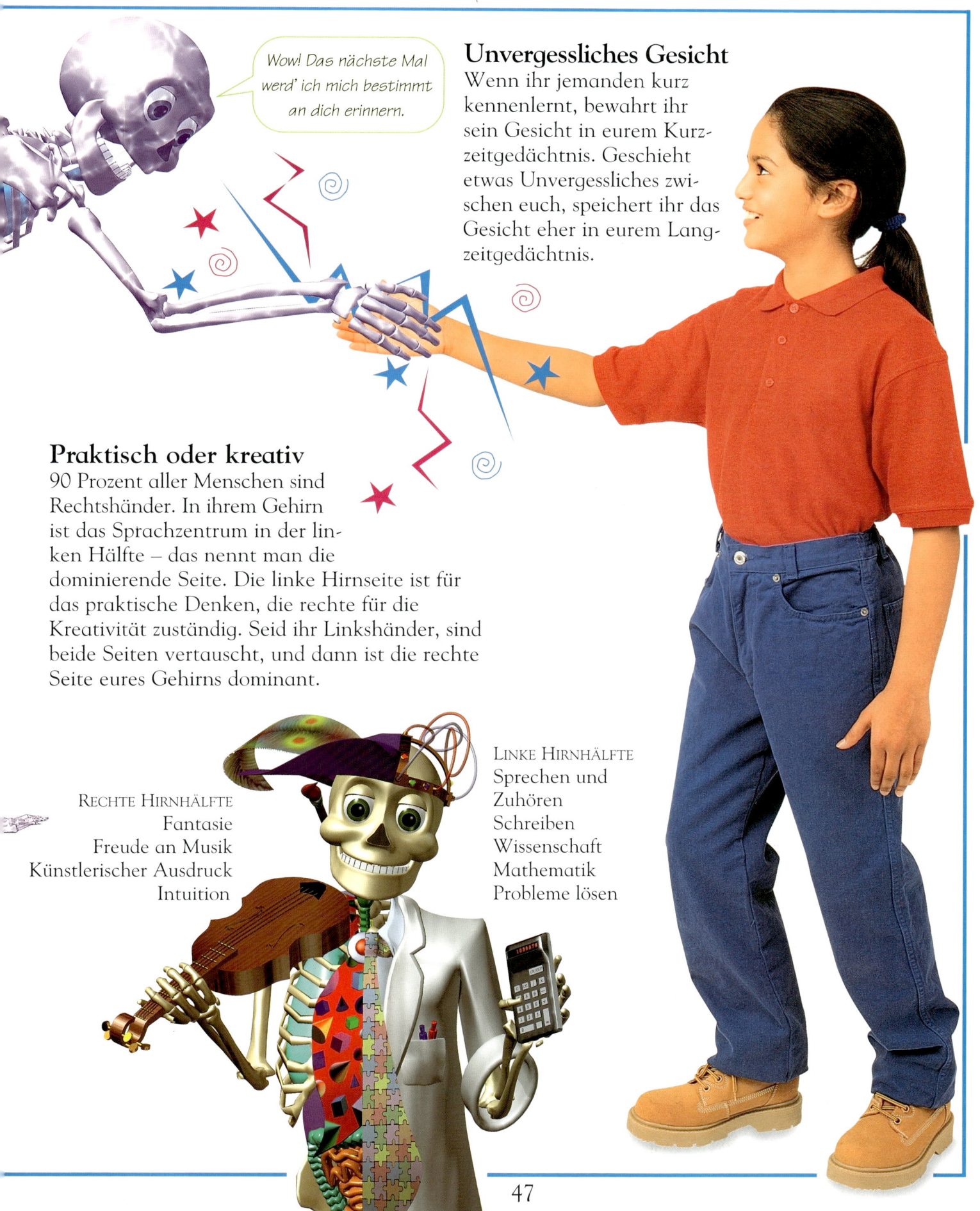

Wow! Das nächste Mal werd' ich mich bestimmt an dich erinnern.

Unvergessliches Gesicht

Wenn ihr jemanden kurz kennenlernt, bewahrt ihr sein Gesicht in eurem Kurzzeitgedächtnis. Geschieht etwas Unvergessliches zwischen euch, speichert ihr das Gesicht eher in eurem Langzeitgedächtnis.

Praktisch oder kreativ

90 Prozent aller Menschen sind Rechtshänder. In ihrem Gehirn ist das Sprachzentrum in der linken Hälfte – das nennt man die dominierende Seite. Die linke Hirnseite ist für das praktische Denken, die rechte für die Kreativität zuständig. Seid ihr Linkshänder, sind beide Seiten vertauscht, und dann ist die rechte Seite eures Gehirns dominant.

RECHTE HIRNHÄLFTE
Fantasie
Freude an Musik
Künstlerischer Ausdruck
Intuition

LINKE HIRNHÄLFTE
Sprechen und
Zuhören
Schreiben
Wissenschaft
Mathematik
Probleme lösen

47

Wie ihr euch ausdrückt

Was nützt euch ein großes Gehirn, wenn ihr jemand anderem nicht sagen könnt, was ihr denkt? Die meisten Menschen sind von Natur aus gesellig und jede menschliche Gemeinschaft hat ihre eigene Sprache entwickelt. Aber wir senden auch eine ganze Reihe stummer Botschaften aus – oft ohne unser Wissen -, die sogar noch lauter als Worte sprechen können.

FRÖHLICH

ZORNIG

Kommunikationszentrum

Vier eurer fünf Sinne sind in eurem Kopf. Er ist der Sender, von dem aus ihr Botschaften an die Welt sendet, und die Antenne, mit der ihr Signale von anderen empfangt *(siehe S. 24f.)*.

Was ist das Besondere an Gesichtsmuskeln? (Siehe S. 13)

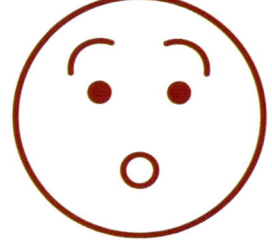

ÜBERRASCHT

Die Augen empfangen und senden Botschaften.

Ihr empfangt Informationen auch durch die Nase.

Die Zunge schnalzt, klickt und trillert.

Die Lippen verändern die Form des Mundes.

Schwingende Stimmbänder erzeugen Laute.

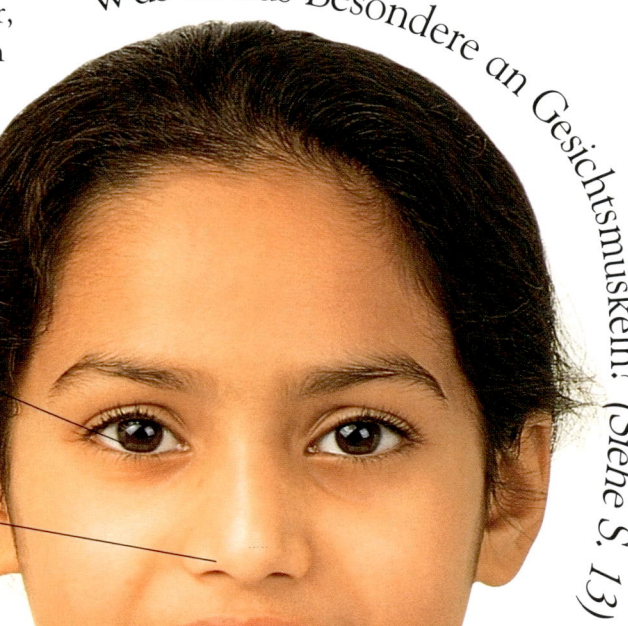

TRAURIG

Was Brauen verraten

Auch mit den Augenbrauen verratet ihr eure Gefühle. Verändert man auf einer simplen Zeichnung die Stellung der Brauen, erhält man einen ganz anderen Gesichtsausdruck.

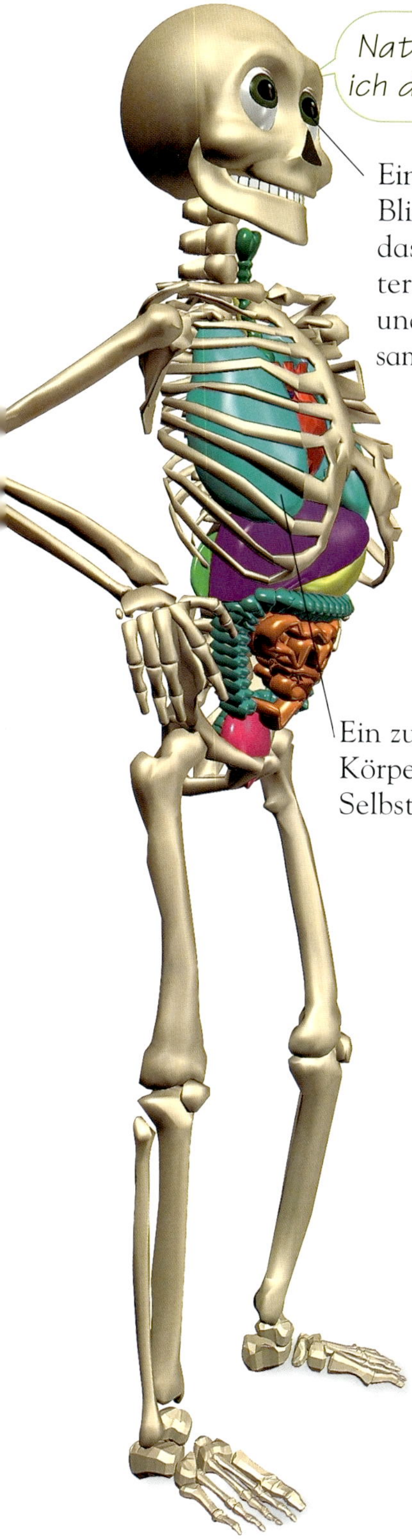

Natürlich bin ich der Beste!

Ein direkter Blick zeigt, dass ihr interessiert und aufmerksam seid.

Ein Wegschauen oder Abwenden zeigt, dass ihr nicht interessiert oder aufmerksam seid.

Ein zugewandter Körper verrät Selbstvertrauen.

Das Verschränken der Arme signalisiert Abwehr.

In Kontakt bleiben

Zehn menschliche Erfindungen zur Verbesserung der Kommunikation:

1 Alphabet
2 Papier
3 Druckerpresse
4 Morsezeichen
5 Telefon
6 Tonband
7 Funk
8 Fernsehen
9 Nachrichten- satelliten
10 Internet

Skeletti sagt

Viele Tiere kommunizieren über die Sprache der Gerüche. Auch wir Menschen senden feine Botschaften aus, um einen Partner anzuziehen. Oft unterdrücken wir schlechten Geruch mit Seife, aber einige Parfüms bestehen sogar aus Stoffen, mit denen Tiere einen Partner anziehen.

Körpersprache

Man kann vieles sagen, ohne zu sprechen. Unsere Körpersprache kann ausdrücken: „Ich will es so, wie ich will", oder wir können unseren Körper abwenden, wenn wir uns unsicher fühlen, oder jemanden als Zeichen von Freundschaft und Vertrauen berühren.

Ein Menschenleben

Berge sind Millionen, Sterne Milliarden von Jahren alt. Verglichen damit dauert ein Menschenleben nur einen Augenblick. Ein Menschenleben ist wie eine Geschichte. Es hat einen Anfang, einen Mittelteil und ein Ende. Unsere Aufgabe ist es, unser Leben so interessant und lohnend wie möglich zu machen und das Ende hinauszuschieben, so lange wir können! Dieses Kapitel führt euch durch den gesamten menschlichen Lebenszyklus, vom Beginn des Lebens als winzigem Embryo, über die Entscheidungen, die ihr als Teenager trefft, bis zu den Veränderungen, die jeder menschliche Körper durchmacht, wenn er älter wird.

> *Mein Lebenszyklus ist eher ein Lebenszirkus!*

3 In eurer Kindheit lernt ihr, Dinge selbständig zu tun, und entdeckt, wie es auf der Welt zugeht.

2 Als ihr ein Baby wart, war alles neu, auch euer Körper! Es braucht Zeit, einfache praktische Fähigkeiten zu erlernen.

1 In den ersten Lebenstagen sieht ein menschlicher Embryo ein bißchen wie eine Kaulquappe oder gar wie ein Fisch aus. Aber in den nächsten 38 Wochen finden wundersame Veränderungen statt.

4 Das Erwachsenenalter rückt näher. Euer Körper bereitet sich auf die Pubertät vor. Ihr werdet eine Menge körperliche und geistige Erfahrungen machen.

Da braucht jemand eine neue Windel!

5 Seid ihr erwachsen, sind euer Körper und euer Geist reif genug, für andere eine ebenso große Verantwortung zu übernehmen, wie ihr sie für euch selbst tragt.

6 Zeit fordert ihren Preis von jedem Körper, aber wenn ihr aktiv und geistig fit bleibt, wird euer Körper euch lange erhalten bleiben.

Lebenszyklus

Lebenszyklen sind den sich drehenden Reifen von Fahrrädern vergleichbar. Unsere Leben sind Kreisläufe, weil wir die Chance haben, Kinder zu bekommen, die, wenn wir nicht mehr leben, ein Stück von uns in sich tragen... was sie wiederum an ihre Kinder weitergeben...

Die Gene

Jedes unserer Gene enthält ein Merkmal wie Augenfarbe oder Haartyp, das unsere Eltern und Großeltern uns vererbt haben. Wegen der Art und Weise, wie eure Gene miteinander vermischt sind, könnt ihr mit Recht sagen, dass ihr aus einer Reihe von Genen besteht, die noch niemand gehabt hat (außer ihr seid ein eineiiger Zwilling).

O Gott! Er sieht genauso aus wie ich!

Woraus bestehen Gene? (Siehe S. 32–33)

OMA OPA OMI OPI

MAMI ICH PAPI

Welche Gene?

Eure Eltern gaben euch miteinander konkurrierende Gene mit. Euer Körper entschied, welchen Anweisungen er nach bestimmten Regeln folgen sollte. Das Gen für braune Augen etwa ist stets „dominant", d.h., es wird ein „rezessives" Gen für blaue Augen überstimmen. Andere Züge wie der Haartyp sind meist eine Mischung mehrerer Gene von beiden Eltern.

Welches Spielzeug?

Jungen und Mädchen haben schon von klein auf unterschiedliche Interessen. Manche Wissenschaftler schreiben dies den Genen zu, andere glauben, dass Kinder mehr von ihren Mitmenschen beeinflusst werden. Es sind wohl beide Faktoren am Werk.

So entstehen Zwillinge

Bei einer von drei Geburten entstehen eineiige Zwillinge. Dabei teilt sich die Eizelle und es entwickeln sich zwei Babys mit genau den gleichen Genen. Zweieiige Zwillinge entstehen, wenn zwei Eier der Mutter freigegeben worden sind und von je einem Spermium befruchtet werden.

Fünflinge

Manchmal entwickeln sich mehrere Babys im Uterus. Die ersten bekannten Fünflinge, die erwachsen wurden, waren die Dionnes, die 1934 in Kanada geboren wurden. Mehrfachgeburten entstehen meist aus separaten Eiern. Doch die Dionnes waren das ganz seltene Beispiel von identischen eineiigen Fünflingen.

Siamesische Zwillinge

Äußerst selten teilt sich ein Embryo im Laufe der Schwangerschaft nicht vollständig. Diese Zwillinge haben einen oder mehrere gemeinsame Körperteile. Berühmt waren die Brüder Chang und Eng aus Siam (Thailand).

Skeletti sagt

Fingerabdrücke sind einmalig, nicht einmal eineiige Zwillinge haben die gleichen. Jeder Finger hat einen anderen Abdruck. Am verbreitetsten ist die Schlinge. Auch Wirbel sind recht häufig, aber nur 15 % der Menschen haben Bogenabdrücke.

| BOGEN | SCHLINGE | WIRBEL | MISCHUNG |

Ei trifft Samen

Etwa neun Monate vor eurer Geburt wurdet ihr empfangen. Ein Spermium eures Vaters drang in das fruchtbare Ei eurer Mutter ein, und ein Wunder geschah. Fünfzigtausend Gene eures Vaters trafen sich mit fünfzigtausend Genen eurer Mutter. Sie bildeten eine Zelle mit einem einzigartigen Set von genetischen Anweisungen – halb von ihm und halb von ihr. Nach diesen Instruktionen teilte sich diese Zelle und wuchs heran, um euch zu bilden.

Das Ei
Menschen fangen winzig klein an. Ihr wart einmal wirklich so klein!

Wie kommen der Samen und das Ei überhaupt zusammen? *(Siehe S. 27)*

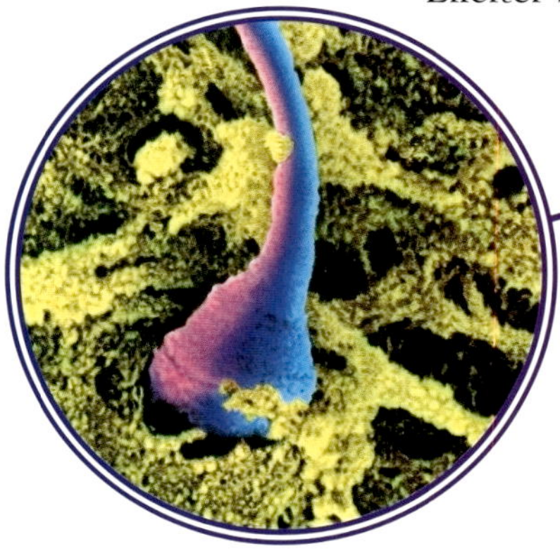

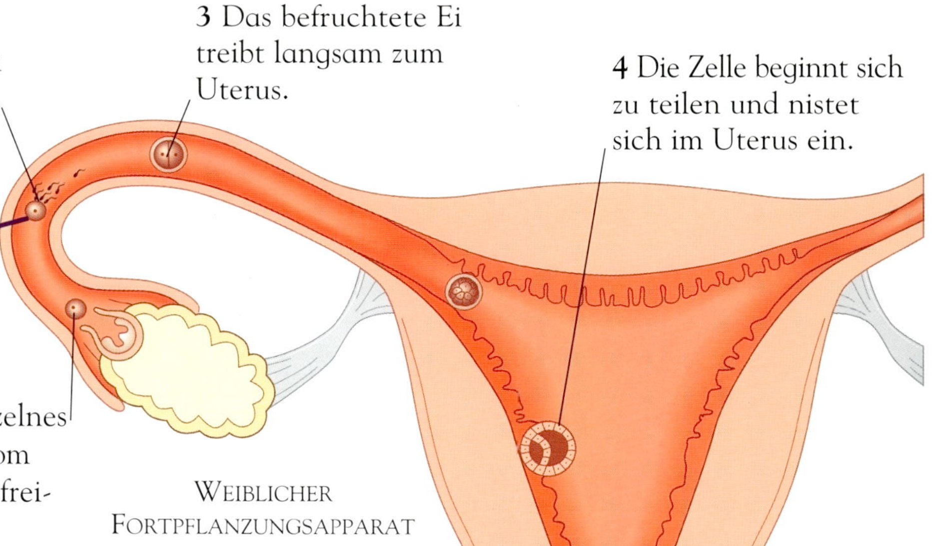

2 Das Ei wird im Eileiter befruchtet.

3 Das befruchtete Ei treibt langsam zum Uterus.

4 Die Zelle beginnt sich zu teilen und nistet sich im Uterus ein.

1 Ein einzelnes Ei wird vom Eierstock freigegeben.

WEIBLICHER FORTPFLANZUNGSAPPARAT

Das Ei wird befruchtet
Das Spermium wird ins Ei gezogen. Sofort verändert sich die Oberfläche des Eis, um andere Spermien abzuweisen. So wird dafür gesorgt, dass das Ei nur ein Set der Chromosomen des Vaters bekommt.

Das Wettschwimmen beginnt
300 Millionen Spermien begeben sich in der Vagina der Frau an den Start eines sehr langen Wettschwimmens. Im Vergleich dazu müsstet ihr durch über 90 Olympiaschwimmbecken schwimmen.

Genaustausch

Chromosomenpaare wie diese beiden tauschen oft Gene aus. Dieser Prozess findet nur bei der Entstehung von Spermien und Eiern statt und mischt die Gene, bevor sie zur Entwicklung eines neuen Babys gebraucht werden.

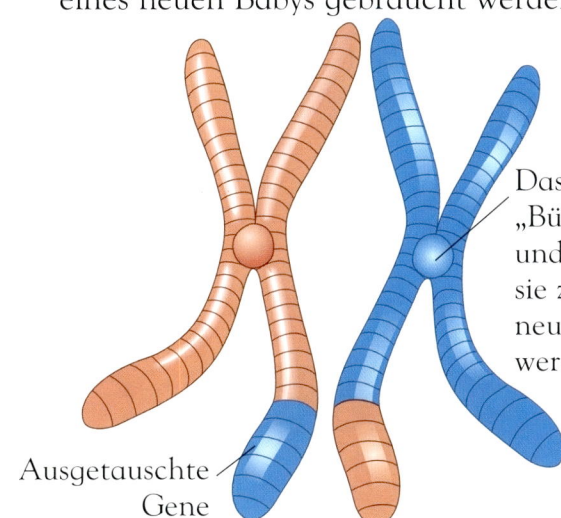

Ausgetauschte Gene

Das Zentrometer ist der „Bügel" des Chromosoms und mischt die Gene, bevor sie zur Entwicklung eines neuen Babys gebraucht werden.

Frag Skeletti

Bruder oder Schwester?

Eine Eizelle trägt immer ein X-Chromosom, das nur weibliche Merkmale besitzt. Ein Samen kann entweder ein X-oder ein Y-Chromosom tragen. So wird das Geschlecht eines Babys immer vom Vater bestimmt.

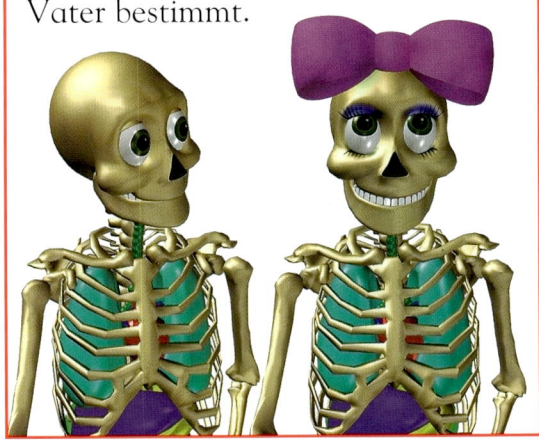

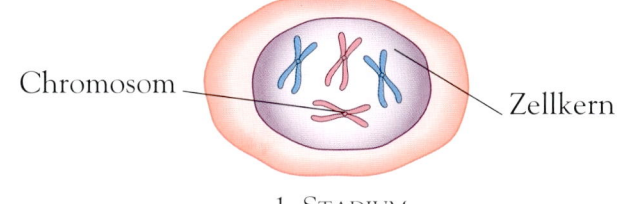

Chromosom — — Zellkern

1. STADIUM

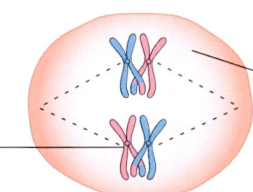

Chromosomen bilden Paare.

Die Kernmembran verschwindet.

2. STADIUM

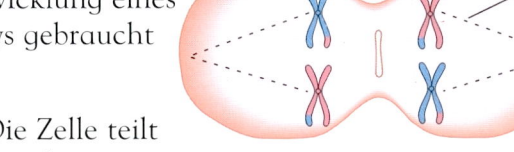

Fäden bilden sich und ziehen die Chromoso-men ausei-nander.

3. STADIUM

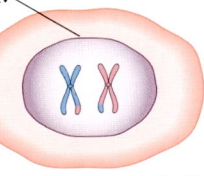

Die Zelle teilt sich in zwei neue Zellen.

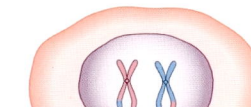

4. STADIUM

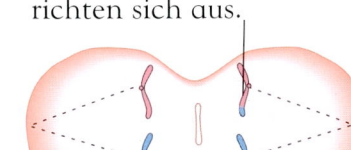

Die Chromosomen richten sich aus.

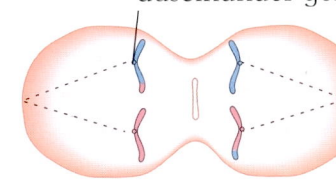

Jedes Chromosom wird auseinander gezogen.

5. STADIUM

Jede Zelle enthält etwas andere Gene.

Jetzt sind vier Zellen entstanden.

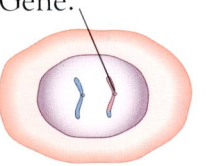 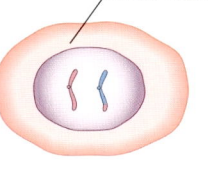 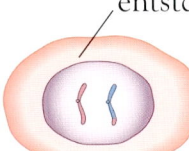 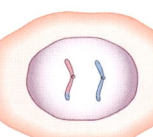
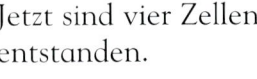

6. STADIUM

Meiose

Die meisten Zellen haben 46 Chromosomen (23 Paare) – 23 von eurer Mutter und 23 von eurem Vater. Aber die Babys erzeugenden Sexualzellen – Ei und Spermium – haben nur ein halbes Set. Beide entstehen bei einem Prozess namens Meiose. Einfachheitshalber werden hier nur vier Chromosomen gezeigt.

Im Uterus

Wir Menschen sind Säugetiere, unsere Jungen sind also am Anfang ihres Lebens im Körper ihrer Mutter geschützt. Im Körper der Mutter bildet sich die Plazenta, ein scheibenförmiges Organ, das dem heranwachsenden Baby Sauerstoff und Nährstoffe zuführt. Das Baby ist mit der Plazenta über die Nabelschnur verbunden. Sie dient als Nahrungs- und Atemschlauch, bis das Baby geboren wird.

> Hmmm! Was soll ich nun mit diesem Wicht machen?

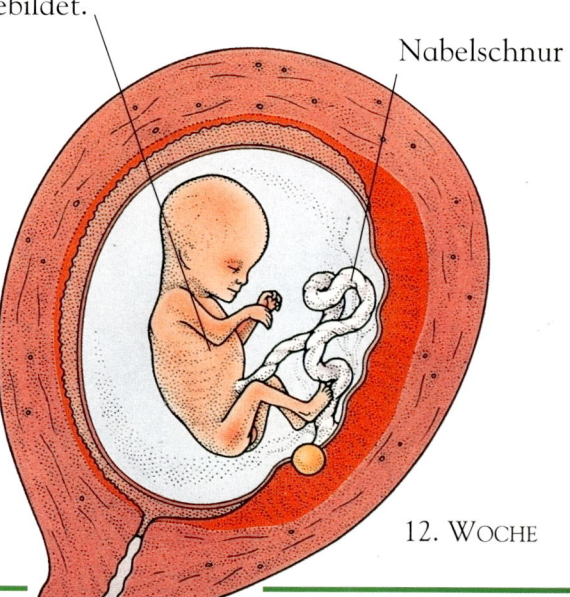

2. WOCHE — Der Zellhaufen bildet einen Embryo.

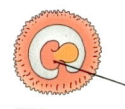
3. WOCHE — Die Zellen beginnen einen Schlauch zu bilden.

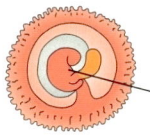
4. WOCHE — Ein Herz bildet sich und beginnt zu schlagen.

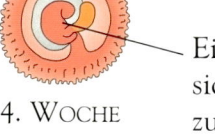
5. WOCHE — Hände entstehen, das Verdauungssystem bildet sich.

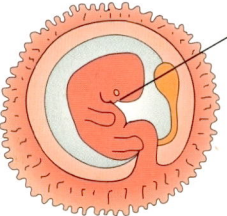
6. WOCHE — Nase und Augenlider entstehen, das Skelett wird gebildet.

Einnisten

Das befruchtete Ei benötigt die ganze erste Woche für den 10 cm langen Weg vom Eileiter in den Uterus. Die Zellen durchlaufen mehrere Teilungen und doch ist der ganze Zellhaufen am Ende der zweiten Woche kaum größer als das Ei, aus dem er stammt.

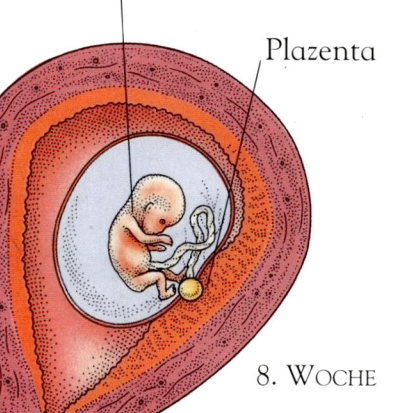

Der Embryo ist nur so groß wie eine Walnuss.

Plazenta

8. WOCHE

Die inneren Organe haben sich gebildet.

Nabelschnur

12. WOCHE

Skeletti sagt

Wie der Dirigent einer komplizierten Sinfonie sorgt die DNA in den Chromosomen des Embryos dafür, dass die richtigen Zellen exakt zum richtigen Zeitpunkt zum Einsatz kommen, um die richtigen Proteine zu erzeugen.

Fertig zur Geburt

Zu früh geborene Babys, die schon nach 24 Wochen auf die Welt kommen, haben eine Chance, außerhalb des Uterus zu überleben. Doch die meisten bleiben im Durchschnitt 38 Wochen darin. In den letzten Entwicklungswochen setzt das Baby Fett an, das es über das Trauma der Geburt hinwegbringt. Es übt seine Atembewegungen und wird lichtempfindlich. Sobald es sich dreht und mit dem Kopf nach unten liegt, ist das Baby bereit für die Welt draußen.

Die Plazenta trennt sich während der Geburt ab.

Was geschieht, wenn das Ei nicht befruchtet wird? (Siehe S. 64)

Der Fötus wächst weiter. Die Mutter beginnt zu spüren, wie sich das Baby bewegt.

Die Augen sehen das Licht, das auf den Bauch der Mutter fällt.

Die Ohren hören den Herzschlag der Mutter.

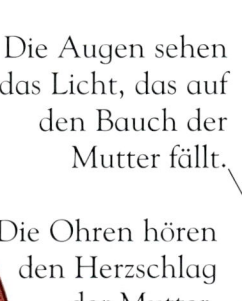

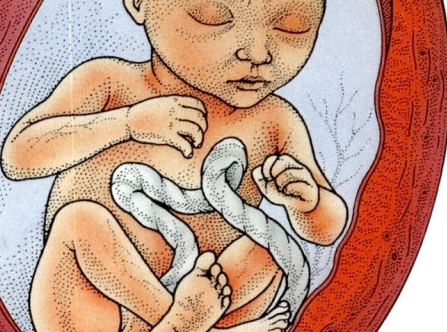

16. WOCHE

38. WOCHE

Ein neues Leben

Wenn es so weit ist, öffnen starke Muskelkrämpfe, so genannte Wehen, den Uterus der Mutter, damit das Baby herauskommen kann. Die Plazenta löst sich und folgt ihm. Die Nabelschnur muss abgeschnitten und abgeklemmt werden. Später schrumpelt sie zusammen, und dann bleibt nur noch der Nabel übrig – ein Andenken fürs Leben an neun Monate im Bauch der Mutter.

Familienband
In den ersten Stunden des Lebens bildet sich zwischen den meisten neugeborenen Babys und ihren Eltern ein starkes Band – der Beginn einer lebenslangen Beziehung.

Weinen
Bevor es sprechen lernt, ist Weinen das wichtigste Ausdrucksmittel für ein Baby. Babys weinen zum Beispiel, wenn sie müde sind, Hunger haben, wenn sie Zärtlichkeit, Aufmerksamkeit oder etwas zum Spielen brauchen.

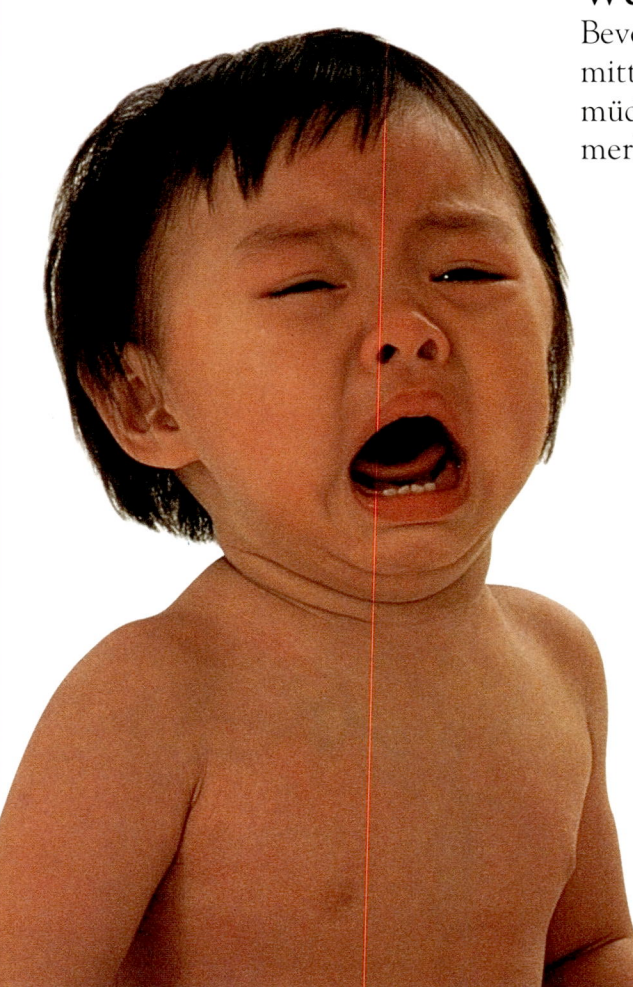

Reflexhandlungen
Reflexe sind unwillkürliche Muskelkontraktionen. Unter Wasser schließt sich bei kleinen Babys automatisch ein Muskel und verhindert, dass Wasser in die Lunge gelangt. Nach drei Monaten verschwindet dieser Reflex.

Babys brauchen Schlaf

Neugeborene Babys müssen täglich etwa 16 Stunden schlafen. Die Hälfte dieser Zeit wird mit der intensiven Hirntätigkeit verbracht, die die Träume begleitet. Alle vier bis sechs Stunden wachen sie auf, um gefüttert zu werden, bis ihr Verdauungssystem genug Nahrung speichern kann, die der Körper über Nacht verbraucht.

Süße Babys

Die Jungen vieler Arten haben die gleichen süßen Züge, die Erwachsene veranlassen, sie beschützen zu wollen. Babys von Menschen und Tieren sind neugierig und lernen eifrig. Sie entdecken die Dinge in ihrer Umwelt, indem sie mit ihnen spielen und sie in den Mund stecken.

Skeletti sagt

Ein hungriges Hirn! 60% der Nahrungsenergie, die ein Baby aufnimmt, nähren sein Gehirn. In seinem Gedächtnis muss Platz für die Millionen von Bildern, Geräuschen und Gerüchen entstehen, die es jeden Tag bombardieren. Gleichzeitig muss es die Kontrolle über den Körper gewinnen. In eurem ersten Lebensjahr wächst euer Gehirnvolumen um das Zweieinhalbfache.

Hohe Stirn

Große Augen

Rundlicher Bauch

Großer Kopf

Große Augen

Gedrungener Körper

Große Füße

59

Wie ihr lernt

In den ersten zehn Jahren speichert euer Gehirn im Gedächtnis Millionen von Bildern, Geräuschen und Gerüchen und lernt, eure Muskeln zu steuern. Es befähigt euch, eine Sprache zu erlernen, eine Persönlichkeit anzunehmen und zu lernen, mit anderen zurechtzukommen. Kein Wunder, dass ein menschliches Gehirn länger reift als das anderer Tiere auf der Erde.

EIN NEUGEBORENES GEHIRN HAT RELATIV WENIGE VERBINDUNGEN.

EIN WACHSENDES GEHIRN ENTWICKELT KOMPLEXE NETZWERKE.

Euer Kleinhirn kommuniziert mit euren Muskeln, um euch im Gleichgewicht zu halten.

Vorprogrammiertes Wissen
Andere Tiere, wie dieser Marienkäfer, haben von Anfang an alle Informationen, die sie brauchen! Angeborenes Wissen nennt man Instinkt.

Wege des Denkens
Wissenschaftler glauben, dass das Gehirn seine Lernfähigkeit erhöht, indem es für seine elektrischen Impulse neue Wege bahnt. Bei eurer Geburt war jede Hirnzelle an etwa 2500 Nerven angeschlossen. Wenn ihr elf seid, hat sich diese Zahl auf 15000 erhöht.

Gehen lernen
Auf euren eigenen zwei Füßen zu stehen zählt zu den kniffligsten Dingen, die euer Körper lernen muss. Das Gehirn muss ständig mit euren Muskeln kommunizieren, um euch am Umfallen zu hindern.

Probiert es aus

Versucht „Papa" zu sagen, ohne die Lippen zu bewegen, oder „nun", ohne die Zunge zu bewegen. Damit ihr imstande seid zu sprechen, muss euer Gehirn die präzise und koordinierte Kontrolle über Dutzende verschiedener Muskeln erlernen.

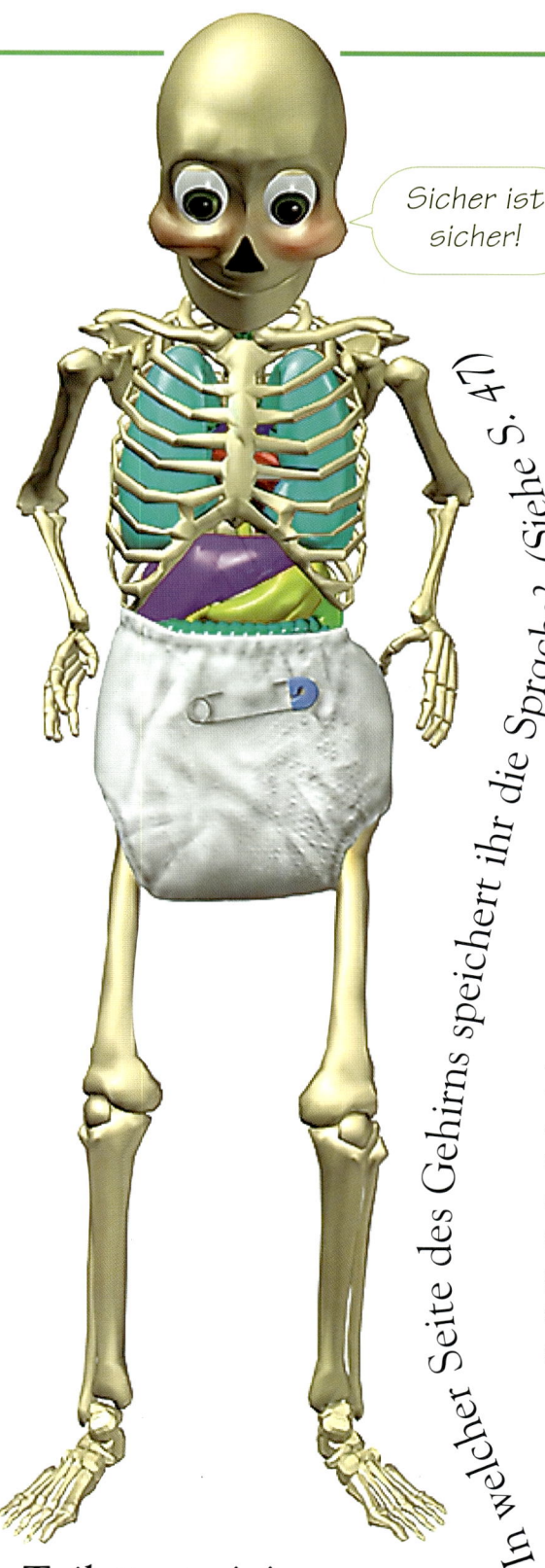

Sicher ist sicher!

Skeletti sagt

Eine Sprache lernt ihr viel leichter, bevor ihr sechs seid. Danach wird jede neue Sprache, die ihr lernt, in einem ganz anderen Teil des Gehirns gespeichert. Kinder, die mit zwei Sprachen aufwachsen, sind „bilingual".

MIT 3 JAHREN   MIT 7 JAHREN

In welcher Seite des Gehirns speichert ihr die Sprache? (Siehe S. 47)

Motorische Kontrolle

Allmählich verstärkt euer Gehirn die Verbindungen in seinen motorischen Steuerzentren, damit ihr die genaue Kontrolle über Muskeln erlangt, die für Aufgaben wie das Zeichnen gebraucht werden. Erst nach etwa acht Jahren sind die motorischen Steuerfähigkeiten voll entwickelt.

Wunderkind

Manche Menschen scheinen mit besonderen Talenten geboren zu sein, auch wenn die Entwicklung ihrer Fähigkeiten immer harter Arbeit bedarf. Wolfgang Amadeus Mozart komponierte bereits mit acht Jahren seine erste Musik.

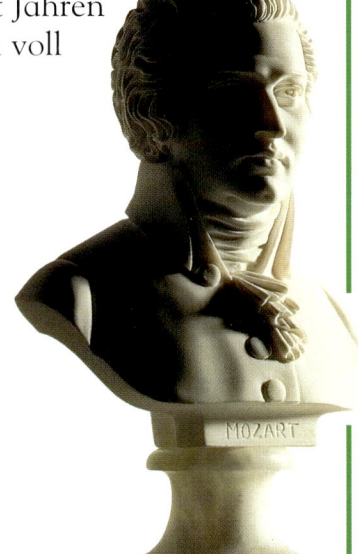

Toilettentraining

Die Schließmuskeln, die Darm und Blase steuern, lernt ihr ganz zuletzt zu kontrollieren. Erstaunlicherweise könnt ihr schon sprechen, während ihr noch Windeln tragt!

Wie ihr wachst

Im Alter zwischen zwei und achtzehn wird euer Skelett etwa doppelt so groß. Genauso langsam und stetig wachsen auch die anderen Körpersysteme. Dabei sagt euer Körper euren Organen mit Hilfe von Botenproteinen, so genannten Hormonen, wann es Zeit ist zu wachsen.

Endokrines System

Hormone werden in Drüsen erzeugt, die im ganzen Körper verteilt sind und zusammen das endokrine System bilden. Diese Drüsen steuern alle Veränderungen, die sich in eurem Körper im Laufe der Zeit vollziehen. Die wichtigsten Wachstumshormone werden in der Hirnanhangdrüse und in der Schilddrüse produziert.

Fragt Skeletti

Was sind Wachstumsschmerzen?

Viele Kinder zwischen sechs und zwölf haben nachts Wadenschmerzen. Manche Wissenschaftler glauben, dass diese Schmerzen mit plötzlichen Wachstumsschüben zusammenhängen.

Wie entstehen neue Zellen? (Siehe S. 34)

Die Hirnanhangdrüse sagt anderen Drüsen, was zu tun ist.

Die Schilddrüse steuert den Energieverbrauch des Körpers sowie die Wachstumsgeschwindigkeit.

Die Adrenalindrüsen geben euch Antrieb und Energie, wenn ihr sie braucht.

Die Eierstöcke oder Hoden erzeugen Hormone, die euch zu einem Mädchen oder Jungen machen.

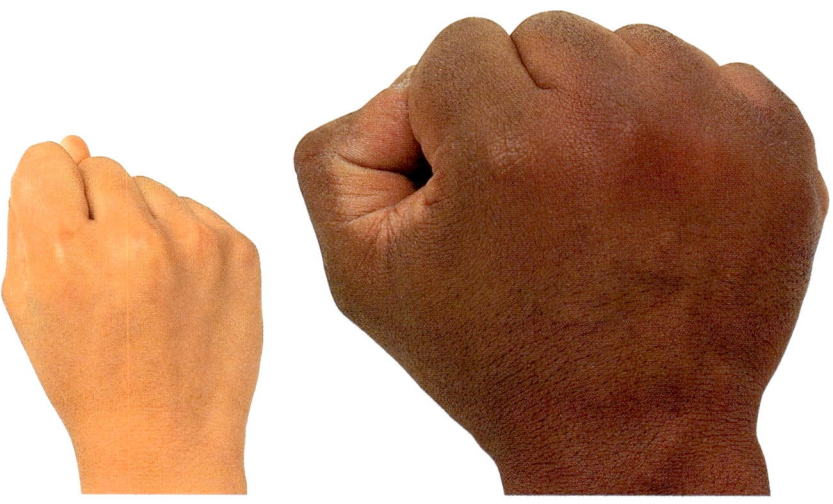

ZEHNJÄHRIGES KIND   VIERZIGJÄHRIGER MANN

Knochenwachstum

In der Hand des Babys sind weniger Knochen als in der Hand des Erwachsenen. Die Babyhand besteht aus biegsamem Knorpel. Wenn Knochen wachsen, kommen neue Knorpelzellen aus einer dünnen Schicht am Ende des Knochens, der Wachstumsplatte. Im Laufe der Zeit wird der Knorpel mit Kalzium verstärkt und zu einem echten Knochen.

Die Organe halten mit

Euer Herz ist in jedem Alter etwa so groß wie eure Faust. Eure inneren Organe müssen mitwachsen, bis ihr erwachsen seid, um den Bedürfnissen eures größeren Körpers zu genügen.

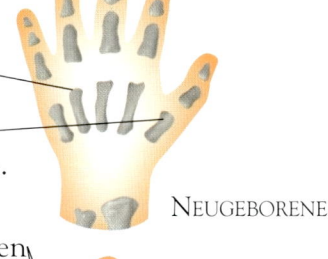

Neue Knorpelzellen

Aus Knorpeln werden Knochen.

NEUGEBORENES

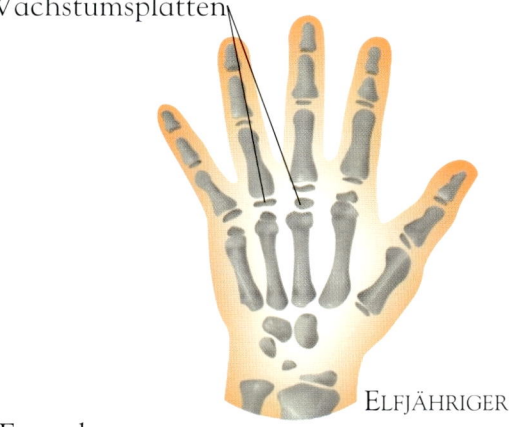

Wachstumsplatten

ELFJÄHRIGER

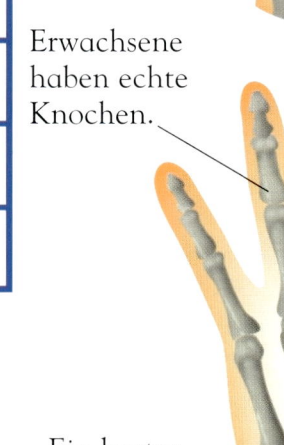

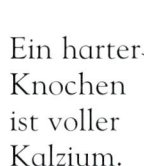

Erwachsene haben echte Knochen.

Ein harter Knochen ist voller Kalzium.

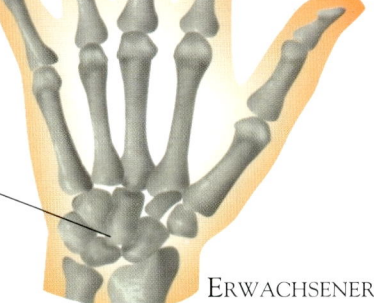

ERWACHSENER

Größenverhältnis

Beim Wachsen verändern sich eure Körperproportionen. Beim Baby macht der Kopf ein Viertel seiner Größe aus. Wenn ihr ausgewachsen seid, entspricht euer Kopf nur noch etwa einem Achtel eurer Größe. Wenn ihr älter werdet, werden eure Glieder proportional länger, und ihr wirkt schlanker.

Ihr werdet ein Teenager

Wir Menschen kommen zwischen elf und sechzehn in die Pubertät. In dieser Zeit bereitet uns unser Körper darauf vor, einen Partner zu gewinnen und Babys zu machen. Körperlich sind wir zwar mit 14 oder 15 in der Lage, Babys zu bekommen, doch die meisten Menschen sind erst viele Jahre später wirklich bereit, die Verantwortung einer Elternschaft zu übernehmen.

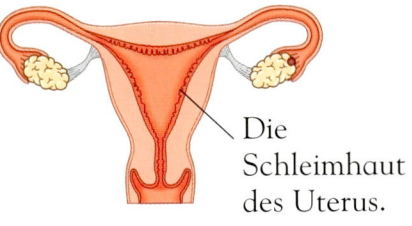

Die Schleimhaut des Uterus.

DAS INNERE DES UTERUS

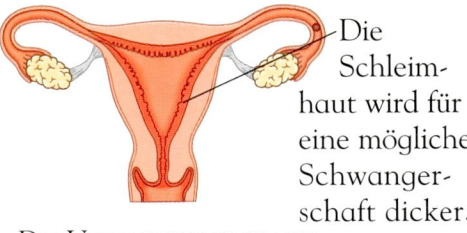

Die Schleimhaut wird für eine mögliche Schwangerschaft dicker.

DIE UTERUSSCHLEIMHAUT

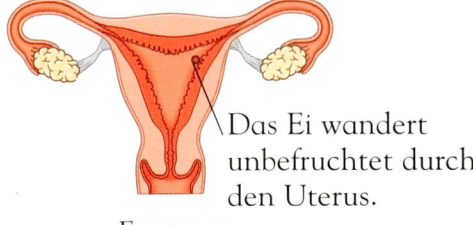

Das Ei wandert unbefruchtet durch den Uterus.

EISPRUNG

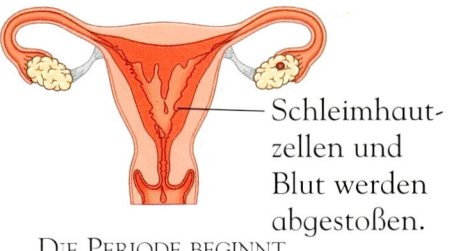

Schleimhautzellen und Blut werden abgestoßen.

DIE PERIODE BEGINNT

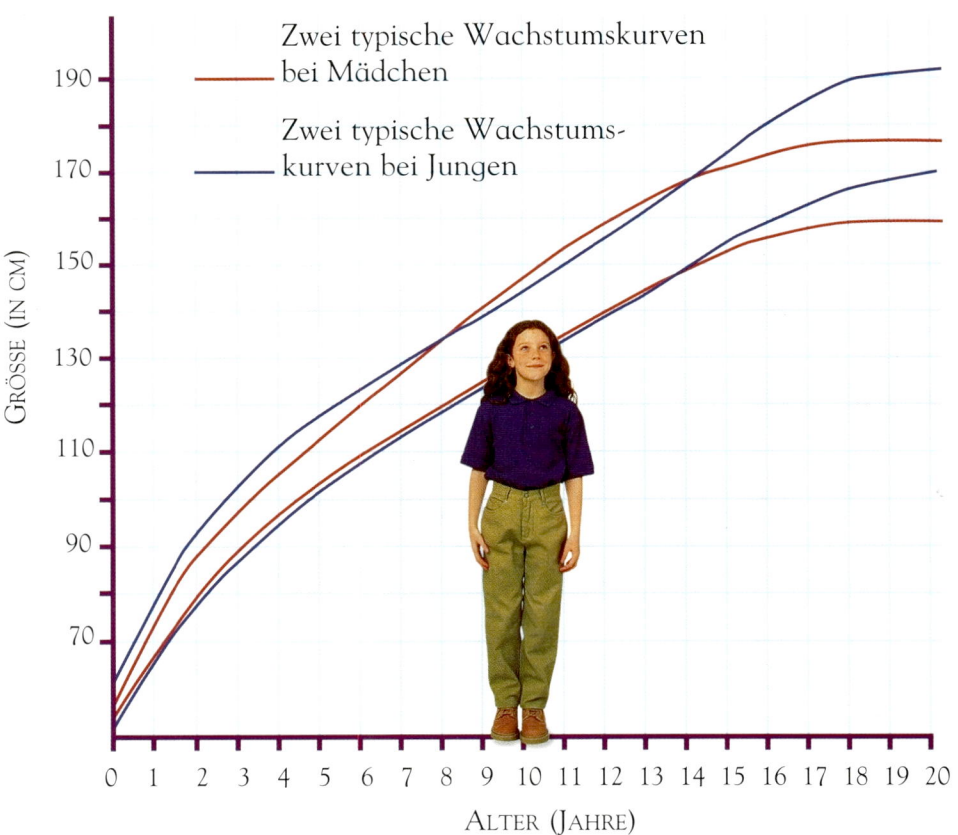

ALTER (JAHRE)

GRÖSSE (IN CM)

Zwei typische Wachstumskurven bei Mädchen

Zwei typische Wachstumskurven bei Jungen

Größenvorhersage

Ihr könnt vorhersagen, wie groß ihr werdet. Tragt eure derzeitige Größe in das Diagramm über eurem Alter ein. Die Lücke zwischen euch und den eingezeichneten Wachstumslinien wird voraussichtlich in euren restlichen Wachstumsjahren gleich bleiben.

Menstruationszyklus

In der Pubertät bereitet sich der Uterus eines Mädchens jeden Monat auf ein neu befruchtetes Ei vor. Liegt keine Schwangerschaft vor, durchwandert das Ei den Uterus und das zusätzliche Gewebe wird mit etwas Blut abgestoßen. Die Blutung dauert drei bis sieben Tage und heißt Periode.

Skeletti sagt

Erreicht ihr die Pubertät, produziert eure Haut mehr Öl, Sebum oder Talg genannt. Es kann die Poren blockieren und Pickel bilden. Der Eiter in einem Pickel besteht aus den toten weißen Blutzellen, die die vom Pickel verursachte Infektion bekämpfen.

Wie viele Spermien produziert ein Mann an einem Tag? (Siehe S. 27)

Erwachsen werden

Etwa mit 12 Jahren spürt der Hypothalamus (der Teil des Gehirns, der die Hormone steuert), dass es Zeit für ein paar Veränderungen ist. Er befiehlt den Eierstöcken, Östrogen, und den Hoden, Testosteron zu produzieren.

Erste Gefühle von sexueller Anziehung.

Haare erscheinen in der Achselhöhle.

Zellen bilden Milchgänge für das künftige Stillen.

Fettpolster bilden sich um die Hüften und auf den Brüsten.

Das Becken ändert die Form, die Hüften werden breiter, um die Geburt zu erleichtern.

Um die Genitalien wachsen Schamhaare.

Pickel können auftreten.

Das Gesichtshaar beginnt zu wachsen.

Die Brüste entwickeln sich, die Brustwarzen werden dunkler.

Die Eierstöcke produzieren das Hormon Östrogen.

Die monatliche Freisetzung von Eiern beginnt.

Um die Genitalien wachsen Schamhaare.

Das Wachstum des Hodensacks lässt die Hoden vor dem Körper hängen.

Erste Gefühle von sexueller Anziehung.

Die Stimmbänder werden länger, die Stimme wird tiefer.

Herz und Lunge steigern ihr Vermögen, die Muskeln mit Sauerstoff zu versorgen.

Der Schweiß in behaarten Bereichen wie den Achselhöhlen wird mit einem Fett angereichert, das einen Geruch abgibt.

Die Hoden produzieren das Hormon Testosteron.

Die Muskeln werden größer und stärker.

Das Erwachsenwerden

Die Jugend ist die Zeit in eurem Leben, die mit der Pubertät beginnt und erst mit Anfang zwanzig endet. Emotional kann es darin auf und ab gehen. Sie ist eine Zeit, in der ihr experimentieren und Spaß haben könnt, aber auch wichtige Entscheidungen treffen müsst. In dieser Zeit lernt ihr, eure Emotionen zu beherrschen, dauerhafte Freundschaften zu schließen und Weichen für euer ganzes Leben zu stellen.

Wer bin ich?

Die Jugend ist eine Zeit zum Ausprobieren verschiedener Verhaltensformen und Moden. So stellt ihr fest, was für ein Mensch ihr seid, und das kann eine Menge Spaß machen.

Beziehungen eingehen

Mit der Jugend stellen sich die ersten starken Gefühle von Zuneigung und sexueller Anziehung ein. Viele Jugendliche haben Verabredungen, einen Freund oder eine Freundin. Vielleicht verhalten sie sich auf einmal ganz merkwürdig Menschen gegenüber, die sie seit Jahren kennen. Es braucht Zeit, jemanden zu finden, der zu euch passt – Beziehungen zwischen Jugendlichen halten manchmal nur ein paar Wochen.

66

Ihr könntet eure künstlerischen Fähigkeiten entwickeln...

... oder eure sportlichen Fähigkeiten ...

... oder euch für eine Karriere ausbilden.

Was tätest du denn am liebsten?

Zeit zur Spezialisierung

Wenn ihr älter werdet, gebt ihr die Dinge auf, die ihr nicht so gut könnt, und konzentriert euch auf die, die ihr beherrscht. Vielleicht wollt ihr euer Gehirn entwickeln, euren Körper, oder am besten beide. Entscheidet euch für etwas, was ihr mögt!

Gefährliche Sucht

Ihr könntet euch für einige gefährliche Dinge entscheiden, etwa zu rauchen, und dann von einem chemischen Verlangen in eurem Hirn abhängig sein. Abhängig wird man leicht, aber eine Sucht aufzugeben ist sehr schwer.

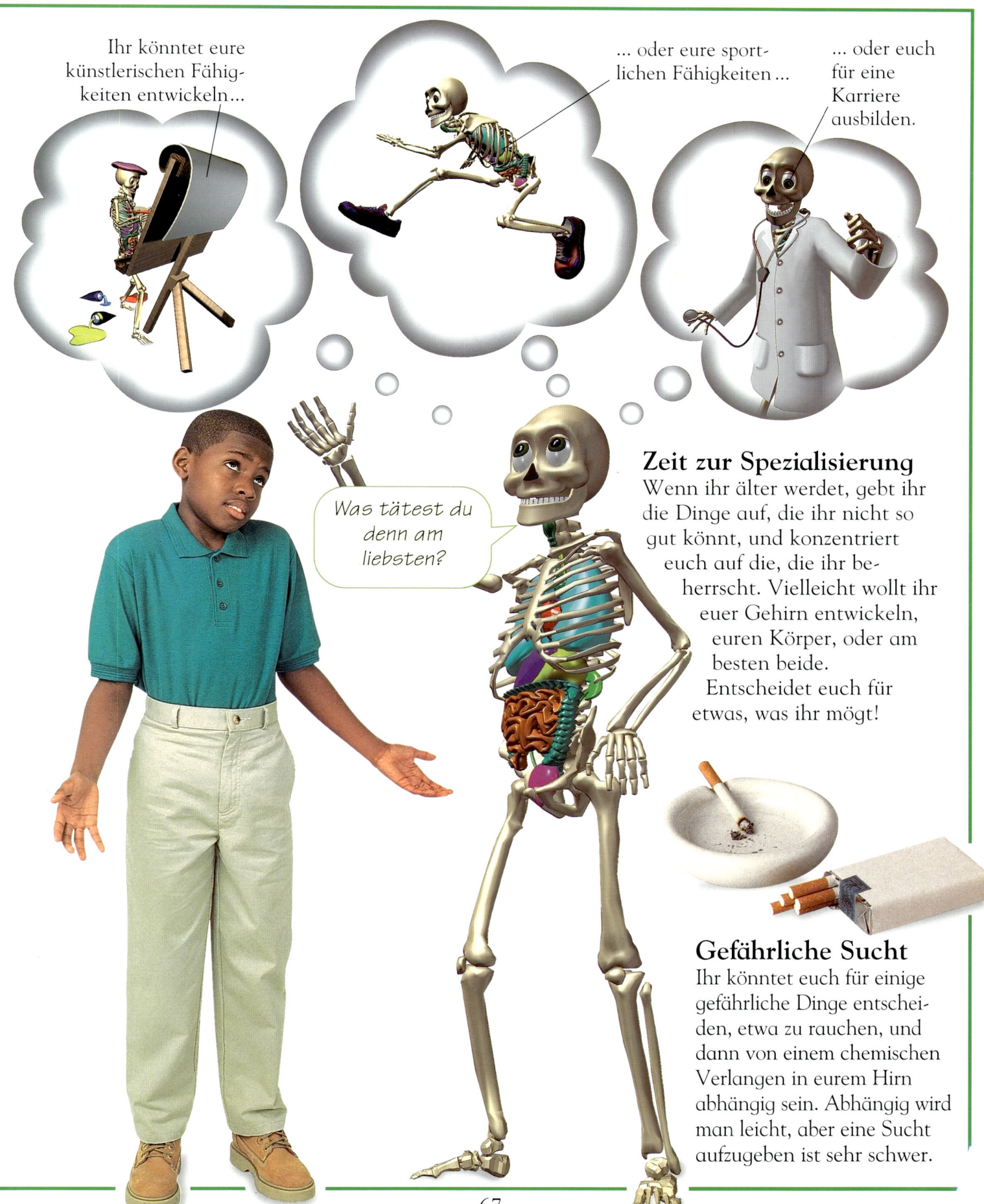

Älter werden

Außer dem Zahnschmelz gibt es in eurem Körper nur ganz wenige Zellen, die älter als zehn Jahre sind. Zum Glück stellen alte Zellen neue her, bevor sie sterben. Aber manchmal treten beim Kopieren Fehler in der DNA der Zellen auf. Einige Wissenschaftler glauben, dass diese DNA-Fehler sich nach einigen Jahren verstärken und unser Körper sichtbar altert.

Reizvoll altern

Selbst wenn der Körper langsamer wird, kann er noch immer wunderbare Dinge tun. Mit 77 war der Astronaut John Glenn der älteste Mensch, der sich im Weltall aufhielt.

Männer werden apfelförmig.

Frauen werden birnenförmig.

Die Wechseljahre

Zwischen 50 und 60 kommt eine Frau in die Wechseljahre. Ihre Eierstöcke produzieren keine Eier mehr, so dass sie keine Babys mehr bekommen kann.

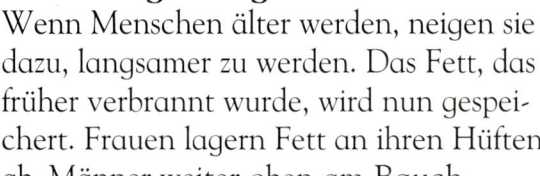

Fettablagerungen

Wenn Menschen älter werden, neigen sie dazu, langsamer zu werden. Das Fett, das früher verbrannt wurde, wird nun gespeichert. Frauen lagern Fett an ihren Hüften ab, Männer weiter oben am Bauch.

Skeletti sagt

Täglich sterben tausende von Nerven-zellenverbindungen ab. Der Prozess beginnt bereits, wenn ihr elf seid, und geht euer ganzes Leben weiter. Ihr könnt ihn verlangsamen – je mehr ihr euer Gehirn gebraucht, desto länger behält es seine Verbindungen.

Welches Mineral hält Knochen gerade und stärkt sie? (Siehe S. 10)

Ein bisschen Unterstützung kann man schon gebrauchen.

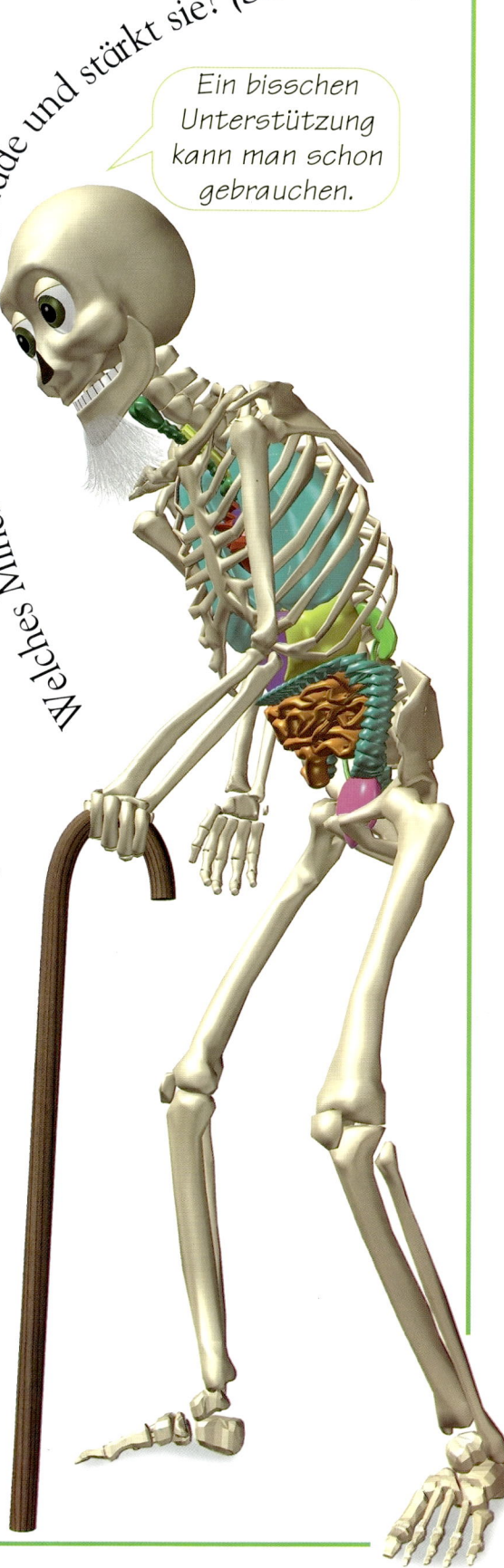

Das Hormon Testosteron stoppt bei manchen Männern das Haarwachstum und führt zu Kahlköpfig-keit.

Die Haarfollikel produzieren kein Pigment mehr und das Haar wird weiß.

Die Augen können Dinge in der Nähe nicht mehr scharf sehen.

Nase und Ohren wachsen weiter.

Der Alterungsprozess

Mit der Zeit verliert die Haut allmählich ihre Elastizitäts-proteine Elastin und Kollagen. Die Haut beginnt faltig wie Papier zu werden und lose herabzuhängen.

Fragt Skeletti

Warum leben Menschen länger als Hunde?

Dafür gibt es viele Gründe, aber die Wissen-schaftler glauben, das liege an Antioxi-danzien. Diese Chemikalien schützen unsere Chromosomen vor manchen schädlichen Wirkungen von Sauer-stoffmolekülen.

Ein ganzes Leben

Wir alle wissen, dass wir einmal sterben müssen. Der Tod gehört zum Leben. Doch die Lebenserwartung wird immer höher, da die Wissenschaft nach Mitteln gegen tödliche Krankheiten forscht. In 75 Jahren hat der Mensch im Durchschnitt ...

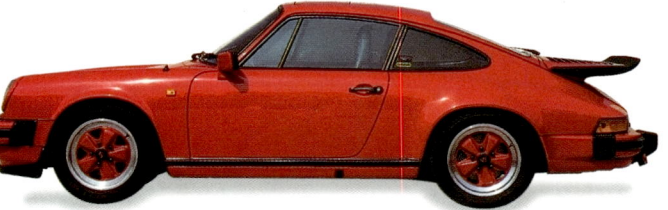

... ein Jahr mit Autofahren verbracht.
Wie viel Zeit genau man mit Autofahren verbringt, ist individuell verschieden, aber im Laufe der Zeit wird dies wahrscheinlich mehr werden. Geht zu Fuß und fahrt möglichst oft Rad, so haltet ihr euren Körper in Bewegung!

... drei Jahre lang ferngesehen.
Wie viele Stunden seht ihr jede Woche fern? Ihr könnt eine Menge von Fernsehsendungen lernen, aber frische Luft und Bewegung tun mehr für euren Körper.

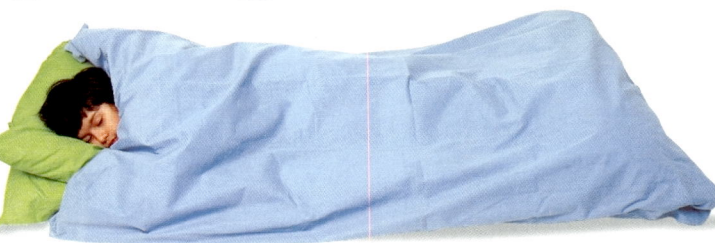

... 22 Jahre lang geschlafen.
Das klingt nach einer ungeheuren Zeitverschwendung, denn das ist schließlich fast ein Drittel eures ganzen Lebens! Doch diese Zeit ist wichtig für die Reparaturmechanismen eures Körpers.

... mindestens drei ganze Jahre in der Schule verbracht.
Sechs Stunden pro Tag, fünf Tage in einer Woche – wenn ihr jung seid, verbringt ihr viel Zeit in der Schule. Lernt, so viel ihr könnt, wenn euer Gehirn noch wächst.

... über 20 000 km zu Fuß zurückgelegt.
Irgendwann macht sich diese Lauferei an euren Gelenken bemerkbar, aber Gehen ist eine großartige Bewegungsform und hält euren Körper beweglich, wenn ihr älter werdet.

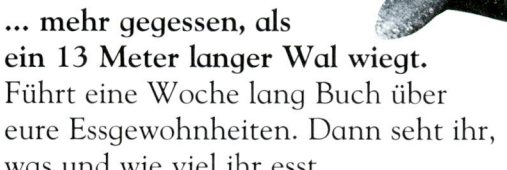

... mehr gegessen, als ein 13 Meter langer Wal wiegt. Führt eine Woche lang Buch über eure Essgewohnheiten. Dann seht ihr, was und wie viel ihr esst.

... einen Tanklastzug voller Schweiß verloren. Wenn ihr so viel Wasser loswerdet, müsst ihr für entsprechenden Nachschub sorgen. Wasser trinken ist gut.

... genug Luft ein- und ausgeatmet, um den größten Gasometer der Welt zu füllen. Konzentriert euch ab und zu auf euren Atem. Lange, tiefe Atemzüge sind besser als kurze, flache.

... genug Exkremente ausgeschieden, um einen großen Zementmischer zu füllen. Wenn ihr schon so viel esst, dann müsst ihr auch eine Menge Abfall produzieren!

Ist das nicht enorm?!

... genug Urin ausgeschieden, um 500 Badewannen zu füllen. Kontrolliert einmal, wie oft ihr an einem Tag aufs Klo geht. Je mehr ihr trinkt, desto öfter müsst ihr mal, aber die Nieren benötigen viel Flüssigkeit, um gut durchgespült zu sein.

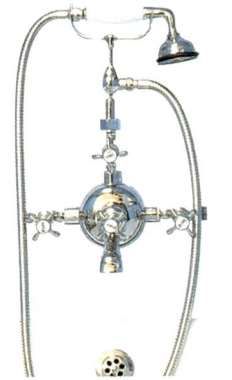

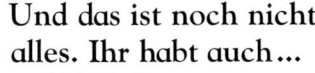

Und das ist noch nicht alles. Ihr habt auch...

... 500 Trillionen rote Blutzellen erzeugt.

... 1000 km langes Haar gehabt.

... wiederholt alle dafür geeigneten Zellen erneuert.

... 12 Eimer voller Tränen geweint.

... genug Nasenschleim produziert, um sieben Badewannen zu füllen.

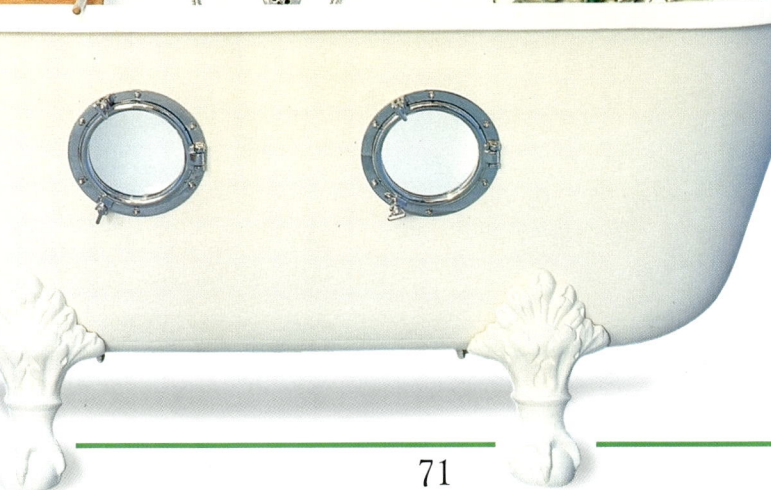

Körper-pflege

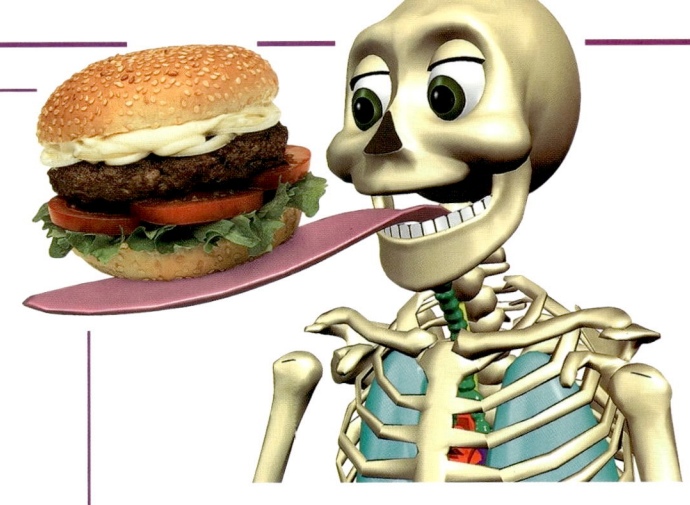

W elchen Körper hättet ihr gern? Manches daran könnt ihr nicht ändern, einiges schon. Jeder Körper hat seine Grenzen – eure Größe zum Beispiel ist kaum veränderbar. Doch trotz möglicher Unzulänglichkeiten ist euer Körper euer wertvollster Besitz. Behandelt ihn also gut!

Welches Essen ihr zu euch nehmt, ob ihr Gymnastik macht oder nicht und welche Risiken ihr im Leben eingeht – all das wirkt sich auf die Gesundheit eures Körpers aus.

Essen fürs Denken
Bei einer ausgewogenen Ernährung bleibt euer Körper am ehesten gesund. Natürlich könnt ihr diesen Hamburger essen – aber vergesst auch nicht das Gemüse.

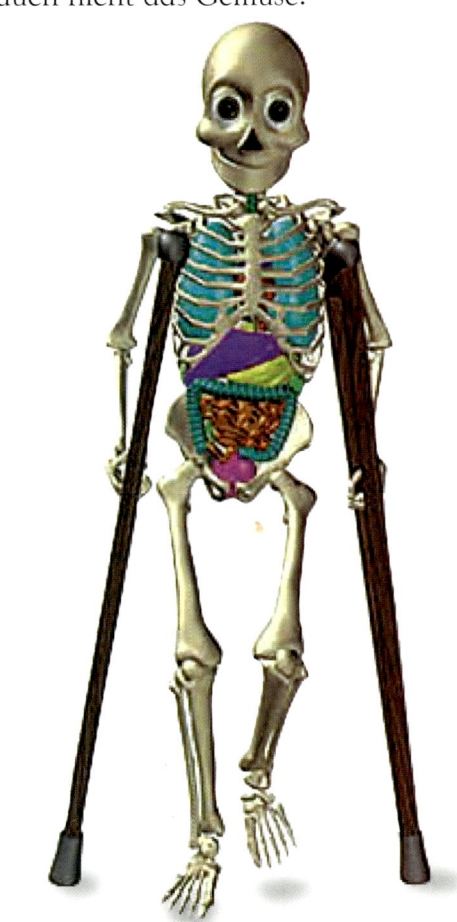

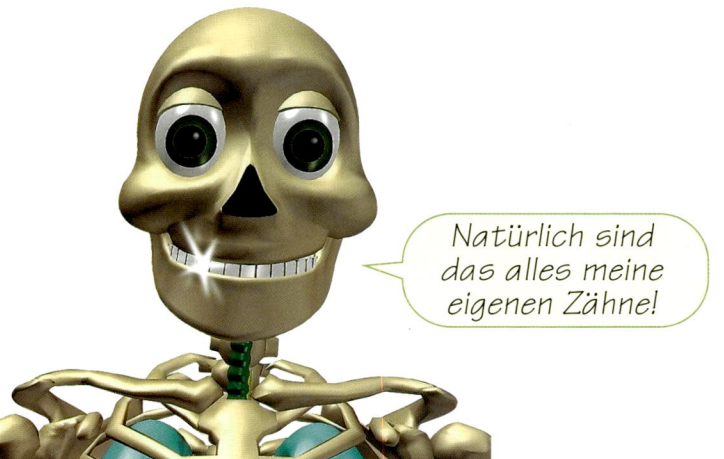

Natürlich sind das alles meine eigenen Zähne!

Ärztliche Hilfe
Vielleicht benötigt ihr irgendwann einmal ärztliche Hilfe. Oder ihr selbst habt Gelegenheit, Erste Hilfe zu leisten.

Fit fürs Leben
Regelmäßige Bewegung ist die beste Gewohnheit, die ihr haben könnt. Fit zu sein ist für eure geistige Gesundheit ebenso gut wie für euer körperliches Wohlbefinden.

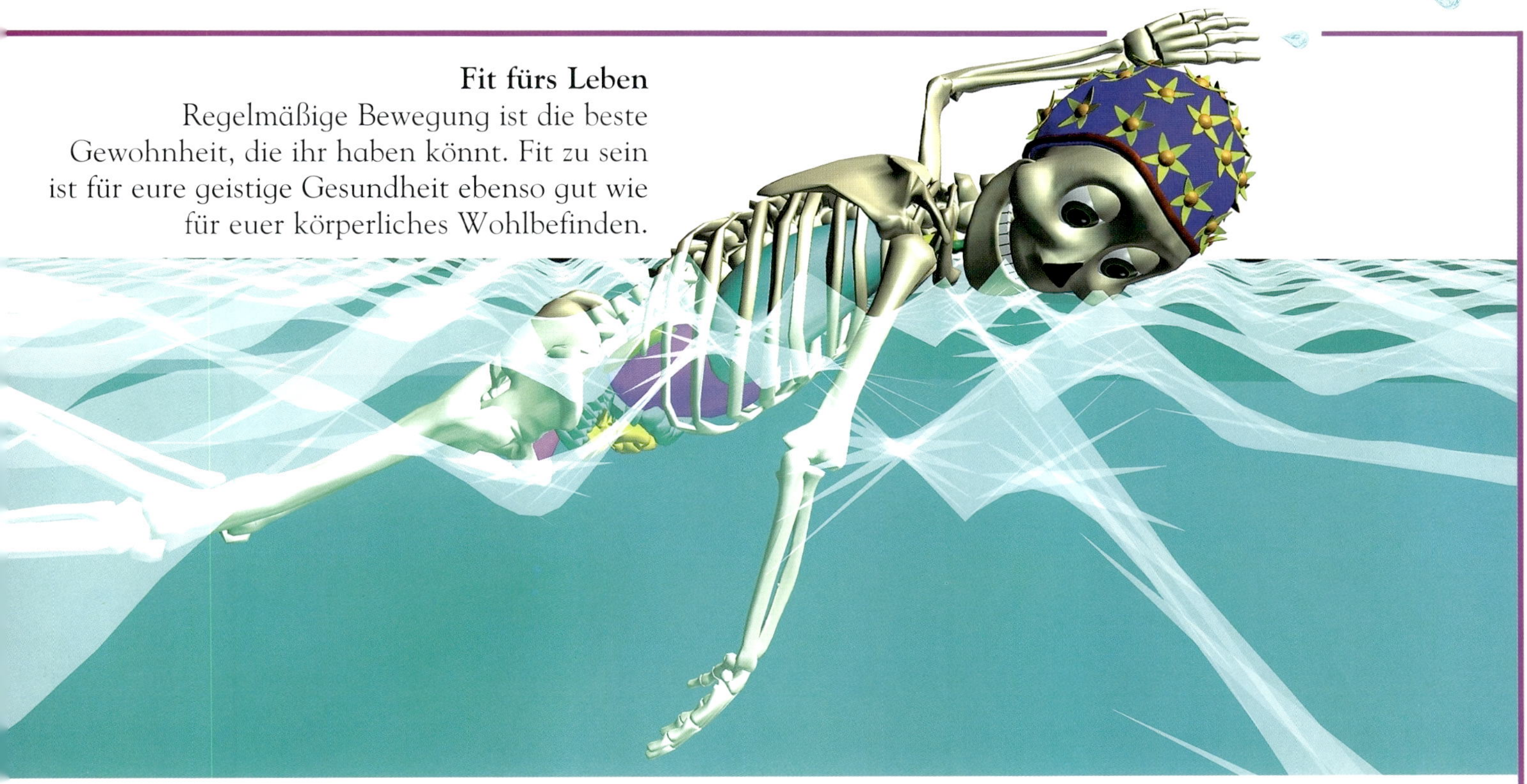

Entscheidungen treffen
Was auch immer ihr in eurem Leben werden wollt – ein Gesundheitsbewusstsein lässt sich leicht mit eurer Lebensweise vereinbaren.

Ihr könntet eine Opernsängerin sein...

... oder ein Fußballspieler...

... oder ein Fitnesstrainer.

Denkt an eure Gesundheit
Aus diesen fünf Gründen solltet ihr immer an eure Gesundheit denken:
-Ihr werdet nicht so oft krank
-Ihr seid besser im Sport
-Ihr seht besser aus
-Euer Gehirn funktioniert besser
-Ihr entwickelt gute Gewohnheiten, die euch ein langes und glückliches Leben bescheren.

Ernährung

W arum essen wir? Aus mehreren Gründen: Nahrung enthält Fette und Kohlehydrate (Zucker und Stärke), die euer Körper in betriebsnotwendige Energie umwandelt. Nahrung liefert auch die Rohstoffe, die euer Körper zum Aufbau neuer Zellen braucht. Mit Nährstoffen wie Vitaminen und Mineralien bleibt euer Körper störungsfrei und gesund. Ein weiterer Grund versteht sich fast von selbst: Gutes Essen schmeckt toll!

SÜSSIGKEITEN, SCHOKOLADE, EIS UND CHIPS

FLEISCH, FISCH, EIER, BOHNEN, NÜSSE, MILCH, KÄSE UND JOGURT

Ach, warum haben sie die Schokolade nicht nach unten getan?

FRISCHES OBST UND GEMÜSE

Die Nahrungspyramide
Euer Körper muss viele verschiedene Nahrungsmittel essen, um die Nährstoffe zu bekommen, die er braucht. Diese Nahrungspyramide sagt euch, welchen Anteil ihr von jeder Nahrungsart essen sollt – nur wenig von den Dingen an der Spitze der Pyramide, aber viel von den Dingen ganz unten.

GETREIDE, NUDELN, REIS UND EINIGE ZUBEREITUNGSARTEN VON KARTOFFELN

Butter, Sahne, Öl und Schmalz
sind überwiegend aus Fett.

Süße und fette Nahrung
geben zwar rasch Energie
ab, doch zu viel devon
bremmst euch.

Skeletti sagt

Kartoffeln sind zwar ein Gemüse,
stehen aber auf der Pyramide unten,
weil sie wegen ihres hohen Stärke-
gehalts eine großartige Quelle von
langsam freigesetzter Energie sind.
Aber in Öl zu Chips frittiert kommen
sie an die Spitze.

Ein hoher Proteingehalt
hilft eurem Körper Zellen zu
bilden und tote zu ersetzen.

Welche Mineralien sind im Körper? (Siehe S. 6)

Molkereiprodukte
sind reich an Proteinen,
Vitaminen und Kalzium
für starke Knochen.

Obst und Gemüse
enthalten viele
Vitamine und
Mineralien. Sie
reinigen das Ver-
dauungssystem
und schützen vor
Krankheiten.

Arbeit macht durstig
Anders als ein Kamel könntet ihr nur wenige Tage
überleben, ohne euren Wasserhaushalt auszugleichen.
Saft, Milch und Erfri-
schungsgetränke enthalten
überwiegend Wasser. Aber
einfaches Wasser ist als
einziges Getränk zu 100%
durstlöschend.

Komplexe Kohlenhydrate
sind Stärken in Getrei-
dekörnern. Sie werden
langsam abgebaut
und geben ihre
Energie daher
während des
ganzen Tages
stetig ab.

Essen ist Energie

Alle Maschinen brauchen Brennstoff, damit sie laufen. Euer Körper erhält ihn aus eurem Essen. Nahrungsmittel, die viel Butter, Öl und Fette enthalten, stecken voller Energie – oft mehr als ihr benötigt. Je mehr ihr euch bewegt, desto mehr Brennstoff braucht ihr, aber wenn ihr mehr esst, als ihr täglich verbrauchen könnt, nehmt ihr zu.

Kalorien zählen

Die Energiemenge in Nahrung wird in Kilokalorien gemessen. Wir verbrennen im Durchschnitt 2000 Kilokalorien pro Tag – aber die genaue Menge hängt von eurer Größe ab und davon, wie aktiv ihr seid. Große Menschen verbrennen mehr als kleine.

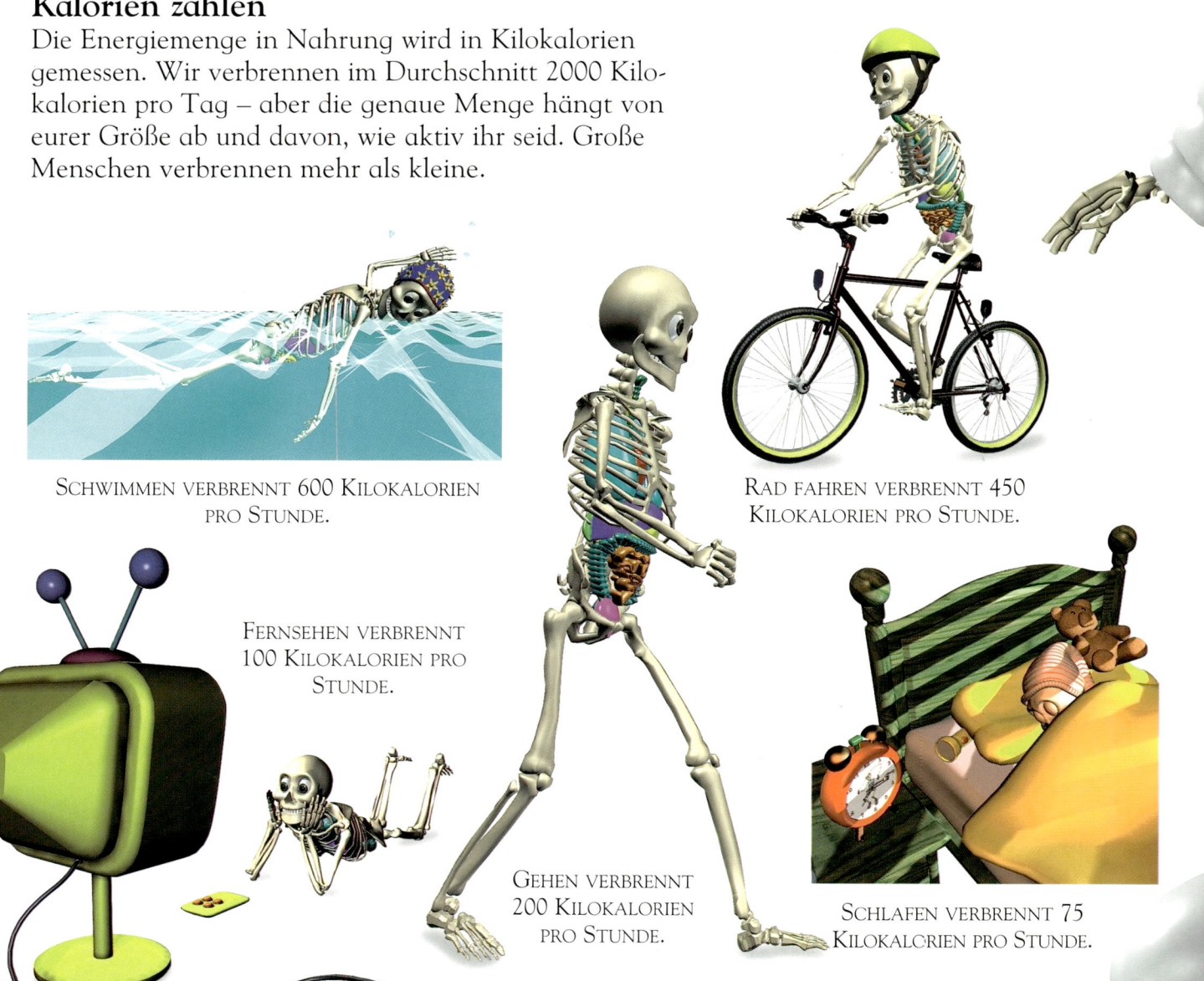

SCHWIMMEN VERBRENNT 600 KILOKALORIEN PRO STUNDE.

RAD FAHREN VERBRENNT 450 KILOKALORIEN PRO STUNDE.

FERNSEHEN VERBRENNT 100 KILOKALORIEN PRO STUNDE.

GEHEN VERBRENNT 200 KILOKALORIEN PRO STUNDE.

SCHLAFEN VERBRENNT 75 KILOKALORIEN PRO STUNDE.

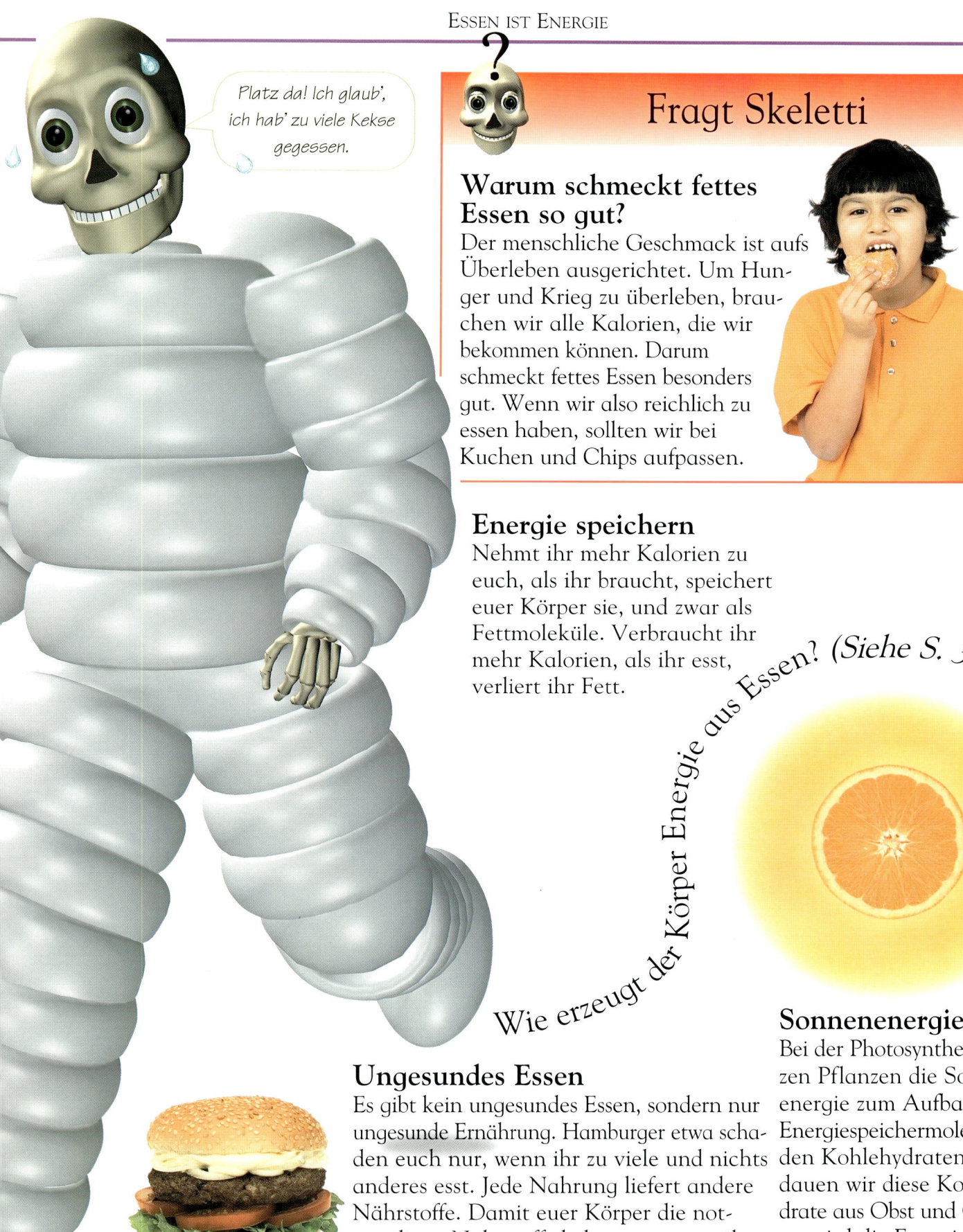

Platz da! Ich glaub', ich hab' zu viele Kekse gegessen.

Fragt Skeletti

Warum schmeckt fettes Essen so gut?

Der menschliche Geschmack ist aufs Überleben ausgerichtet. Um Hunger und Krieg zu überleben, brauchen wir alle Kalorien, die wir bekommen können. Darum schmeckt fettes Essen besonders gut. Wenn wir also reichlich zu essen haben, sollten wir bei Kuchen und Chips aufpassen.

Energie speichern

Nehmt ihr mehr Kalorien zu euch, als ihr braucht, speichert euer Körper sie, und zwar als Fettmoleküle. Verbraucht ihr mehr Kalorien, als ihr esst, verliert ihr Fett.

Wie erzeugt der Körper Energie aus Essen? (Siehe S. 31)

Ungesundes Essen

Es gibt kein ungesundes Essen, sondern nur ungesunde Ernährung. Hamburger etwa schaden euch nur, wenn ihr zu viele und nichts anderes esst. Jede Nahrung liefert andere Nährstoffe. Damit euer Körper die notwendigen Nährstoffe bekommt, müsst ihr für eine ausgewogene Ernährung sorgen.

Sonnenenergie

Bei der Photosynthese nutzen Pflanzen die Sonnenenergie zum Aufbau von Energiespeichermolekülen, den Kohlehydraten. Verdauen wir diese Kohlehydrate aus Obst und Gemüse, wird die Energie in unserem Körper freigesetzt.

Fit halten

Körperlich fit sein heißt auch „in Form" sein. Drei Dinge sind charakteristisch für körperliche Fitness: Kraft, Ausdauer und Elastizität. Wenn ihr wollt, dass euer Körper echt fit ist, müsst ihr alle drei Dinge gleichermaßen entwickeln, indem ihr Sport treibt oder euch an Aktivitäten wie Rad fahren oder Tanzen beteiligt. Ihr habt nur einen Körper, haltet ihn also gesund!

Fitnesstraining baut Muskeln auf.

Ohne Fleiß kein Preis
Lasst ihr eure Muskeln arbeiten, bis sie müde sind, werden sie größer und stärker. Doch keine Übertreibung! Ihr könntet euch verletzen und eure Muskeln dann tagelang nicht benutzen. Leichtathletik und Schwimmen sorgen für Kraft und Ausdauer.

Steigert euer Ausdauervermögen
Wer fit ist, hat mehr Ausdauer als andere. Seine Lunge kann mehr Sauerstoff einatmen, sein Herz viel mehr Blut pumpen, um diesen Sauerstoff zu den Muskeln zu bringen. Fahrt ihr mit dem Rad zur Schule, wird sich eure Kraft und Ausdauer langsam erhöhen.

Ein starkes Herz und eine kräftige Lunge bringen Energie und Sauerstoff rasch zu den Muskeln.

Bewegung kräftigt euch und erhöht eure Ausdauer.

Skeletti sagt

Ein aktives Leben sorgt dafür, dass ihr euch besser fühlt, besser schlaft, besser denkt und besser ausseht. Wenn ihr eine Sportart von Jugend an betreibt, werdet ihr im Alter eher gesund und zufrieden sein.

Welche Muskeln bewegen euren Arm? (Siehe S. 13)

Größere Elastizität

Die Muskeln in eurem Körper sind wie Gummi. Je mehr ihr sie dehnt, desto weiter lassen sich eure Gelenke beugen. Aktivitäten wie Tanzen und Gymnastik verbessern euer Gefühl für das Aufeinanderabstimmen von Bewegungsabläufen sowie eure Elastizität.

Sportverletzungen

Muskeln, die untrainiert zu viel tun sollen, können am nächsten Tag schmerzen. Wärmt sie auf und dehnt sie vor einer anstrengenden Übung.

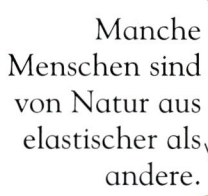

Manche Menschen sind von Natur aus elastischer als andere.

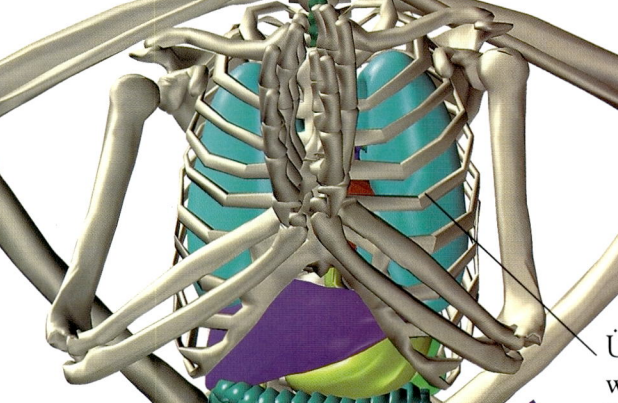

Übertreibt nicht wie Skeletti! Dehnt langsam und übt gleichmäßig Druck aus.

Sport treiben

Es gibt viele Sportarten für jedes Können. Schon wenn ihr hinausgeht und an der frischen Luft spielt, bleibt ihr in Form.

Rund um die Uhr

Der Hypothalamus, eine Hormondrüse in eurem Gehirn, hat seine eigene innere Uhr. Er weiß automatisch, was euer Körper zu den verschiedenen Tageszeiten braucht, um gesund zu bleiben. Hört also auf euren Körper, wenn er euch sagt, dass er Bewegung, Essen oder Ruhe haben will. Der Hypothalamus weiß es am besten!

Tag und Nacht

Der Körper hat einen Zyklus von Aktivität und Ruhe, der sich alle 24 Stunden (oder bei jeder Erdumdrehung) wiederholt. Die Zirbeldrüse im Gehirn, zuweilen das „dritte Auge" genannt, ist sonnenlichtempfindlich und gleicht eure Hypothalamusuhr an die Zyklen von Tag und Nacht an.

7 Uhr: Aufwachen
Der Hypothalamus weckt euer Gehirn. Bewegung lässt eure Herzfrequenz und euren Blutdruck steigen.

7.15 Uhr: Frühstück
Eure Verdauungssäfte beginnen zu fließen. Der Hypothalamus sagt euch, es ist Zeit zu essen.

8 Uhr: Schule
Euer Gehirn ist nun ganz wach und aufnahmebereit.

17 Uhr: Hausaufgaben
Es wird Zeit, euer Gehirn wieder zu betätigen.

18 Uhr: Abendessen
Ihr könnt einige Kalorien ergänzen, die ihr am Tag verbrannt habt.

20 Uhr: Entspannen
Wenn es dunkel wird, sendet der Hypothalamus die Botschaft: „Langsamer!" Es wird Zeit, nach einem anstrengenden Tag zu entspannen.

Fragt Skeletti

Warum braucht ihr mehr Schlaf, wenn ihr jung seid?

Die Kindheit ist eine Zeit der neuen Erfahrungen und des raschen Lernens. Das Gehirn braucht die Zeit, in der ihr schlaft, um alle neuen Informationen zu verarbeiten.

Jetlag

Wenn ihr mit dem Flugzeug zu einem anderen Kontinent fliegt, kann das Zeitgefühl eures Körpers durcheinander geraten. Obwohl ihr müde seid, meldet euch der Hypothalamus „Aufwachen". Es dauert ein paar Tage, bis sich eure innere Uhr umgestellt hat.

9.15 Uhr: Kleine Pause
Nehmt Energie zu euch.

10.30 Uhr: Große Pause
Die Schilddrüse steuert euren Energieverbrauch. Es wird Zeit, einige Kalorien zu verbrennen!

13 Uhr: Mittagessen
Der Hypothalamus sagt euch, dass ihr neuen Brennstoff zuführen müsst.

14 Uhr: Hausaufgaben
Eure Gehirn arbeitet langsamer, da mehr Blut für die Verdauung des Mittagessens benötigt wird.

21 Uhr: Ins Bett gehen
Waschen, Zähneputzen und Licht aus! Ihr braucht jetzt Schlaf.

22 Uhr: Schlaf
REM-Schlafphasen (Rapid Eye Movement bedeutet schnelle Augenbewegungen) gibt es etwa viermal in der Nacht - hochaktive Traumphasen für euer Gehirn.
0 Uhr: Niedrige Hirnenergie zwischen den Traumphasen.
3 Uhr: Körpertemperatur sinkt. Herz schlägt langsamer. Urinproduktion lässt nach.

Sauberkeit

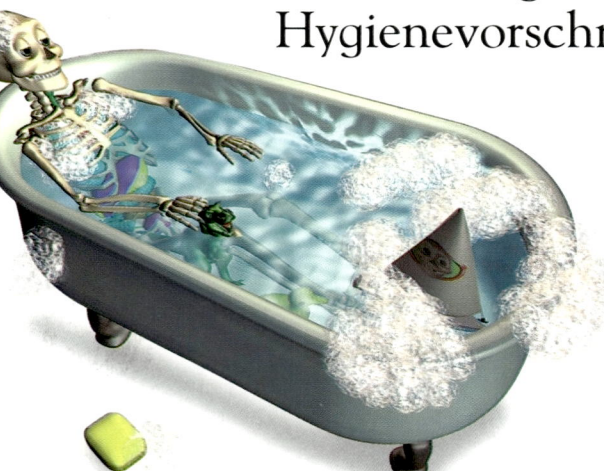

Für Keime ist euer Körper eine ideale Brutstätte. Vor Krankheiten schützt ihr euch am besten, indem ihr euch Keimen fernhaltet. Aber so einfach ist das nicht, da ihr sie nicht seht. Doch ihr könnt vorhersagen, wo Keime lauern, und sie am besten vermeiden, wenn ihr euch an einige einfache Hygienevorschriften haltet.

Haaaaa

Körperpflege
Auf eurer Haut wimmelt es von Millionen von Bakterien. Vor Körpergeruch schützt ihr euch durch regelmäßiges Baden oder Duschen. Seifenwasser wäscht tote Hautzellen und Keime weg.

Infektionen vorbeugen
Eure Haut schützt wie eine dicke Wand vor Ansteckungen. Schnitte oder Kratzer in der Haut verschaffen Keimen einen Zugang. Pflaster verhindern das Eindringen von Keimen, während die Haut heilt.

Wascht euch die Hände!

Jedes Mal, wenn ihr etwas berührt, hinterlasst ihr einen unsichtbaren Handabdruck aus Öl, toten Zellen und manchmal üblen Keimen.

Bei Husten und Niesen Krankheiten sprießen!

aatschiiiiiiiii

Ab in den Kühlschrank

Bakterien mögen Fleisch, besonders wenn es warm ist. So genannte Salmonellen befallen am liebsten ungekochtes Huhn und anderes Geflügel und dann könnt ihr schwer erkranken. Bewahrt Fleisch stets im Kühlschrank auf.

Resistente Arten

Manchmal gibt uns der Arzt Antibiotika gegen Keime. Aber manche Keime, wie die Tuberkulosebakterien (oben), sind gegen diese Mittel resistent. Je mehr Antibiotika auf der Welt eingesetzt werden, desto widerstandsfähiger werden die Keime.

Skeletti sagt

Viele Insekten sind harmlos für Menschen, aber manche können euch schaden. Fliegen verbreiten Krankheiten, indem sie Essensrückstände z.B. an Bestecken infizieren. Schützt euer Essen vor Fliegen!

Eure Zähne

Eure Zähne werden von einer Schicht Zahnschmelz aus hartem, kristallisiertem Kalzium geschützt. Diese Schicht macht eure Zähne hart genug, um einer lebenslangen Abnützung standzuhalten – aber nur wenn ihr euch richtig um sie kümmert. Zahnschmelz ist zwar die härteste Substanz im Körper, aber er ist fäulnisanfällig.

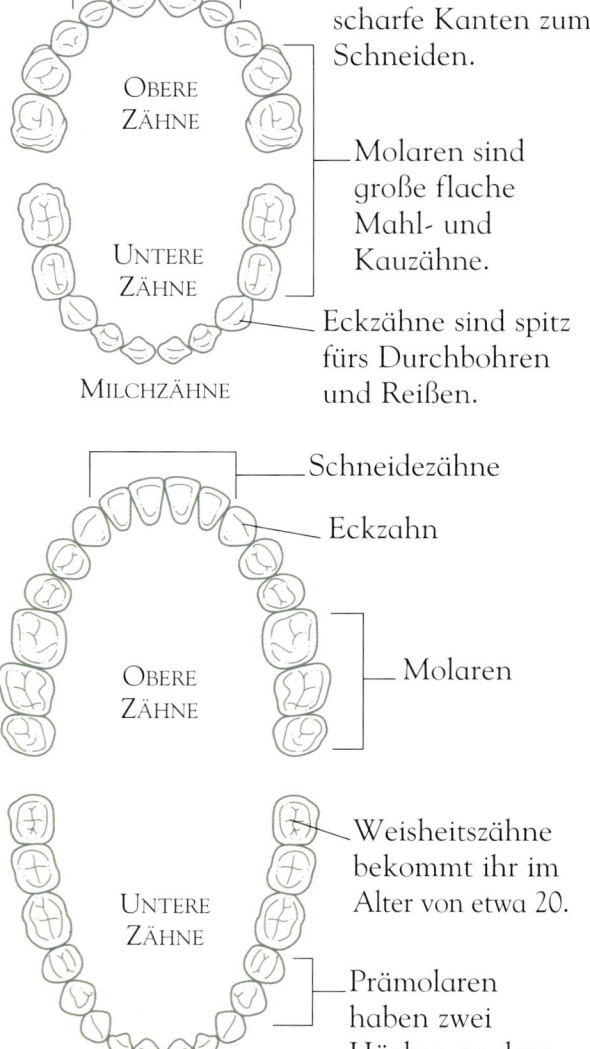

OBERE ZÄHNE

UNTERE ZÄHNE

MILCHZÄHNE

Schneidezähne haben scharfe Kanten zum Schneiden.

Molaren sind große flache Mahl- und Kauzähne.

Eckzähne sind spitz fürs Durchbohren und Reißen.

Schneidezähne

Eckzahn

OBERE ZÄHNE

UNTERE ZÄHNE

BLEIBENDE ZÄHNE

Molaren

Weisheitszähne bekommt ihr im Alter von etwa 20.

Prämolaren haben zwei Höcker, so dass sie beim Mahlen hacken können.

Wozu wir Zähne haben

Wir Menschen sind Allesfresser, können also praktisch alle Pflanzen oder Tiere essen. Euer erstes Gebiss aus 20 Milchzähnen fällt aus und, bis ihr 20 seid, habt ihr euer bleibendes Gebiss aus 32 Zähnen. Diese sind unterschiedlich geformt, damit ihr euer Essen beißen, zerdrücken und zermahlen könnt.

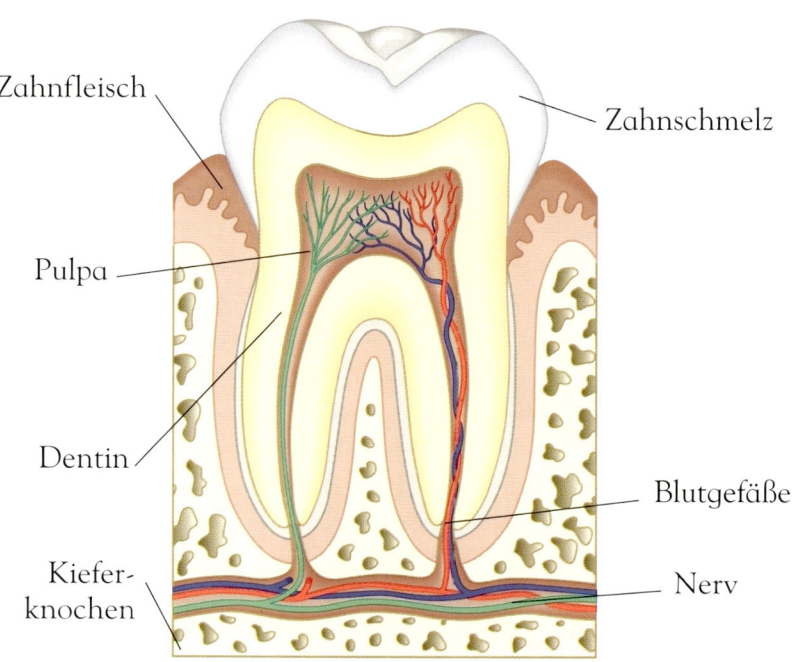

Zahnfleisch

Zahnschmelz

Pulpa

Dentin

Blutgefäße

Kieferknochen

Nerv

Zähne leben

Der Teil des Zahns, den ihr sehen könnt, ist aus hartem weißem Zahnschmelz. Darunter ist ein knochenartiges Gewebe, das Dentin. In der Mitte jedes Zahns befindet sich das Zahnmark (Pulpa) mit Blutgefäßen und Nerven.

Zahnfäule

Zahnbelag (Plaque) ist ein Gemisch von Essensresten und Bakterien, das sich jeden Tag auf euren Zähnen bildet. Die Bakterien erzeugen eine Säure, die sich durch den Zahnschmelz frißt.

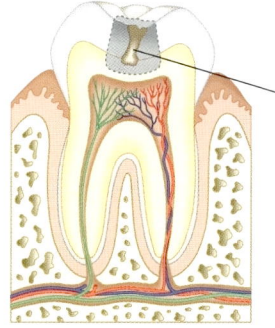

Die Fäule ist durch den Zahnschmelz bis zum Dentin vorgedrungen.

VERFAULTER ZAHN

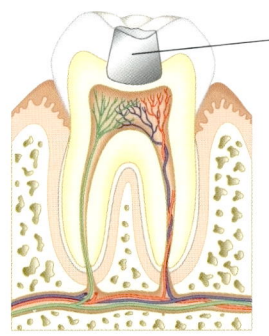

Der Zahnarzt bohrt die faule Stelle aus und füllt sie mit einer Metalllegierung, die weiteren Zahnzerfall verhindert.

ZAHN MIT FÜLLUNG

Stark verfaulte Zähne müssen gezogen werden!

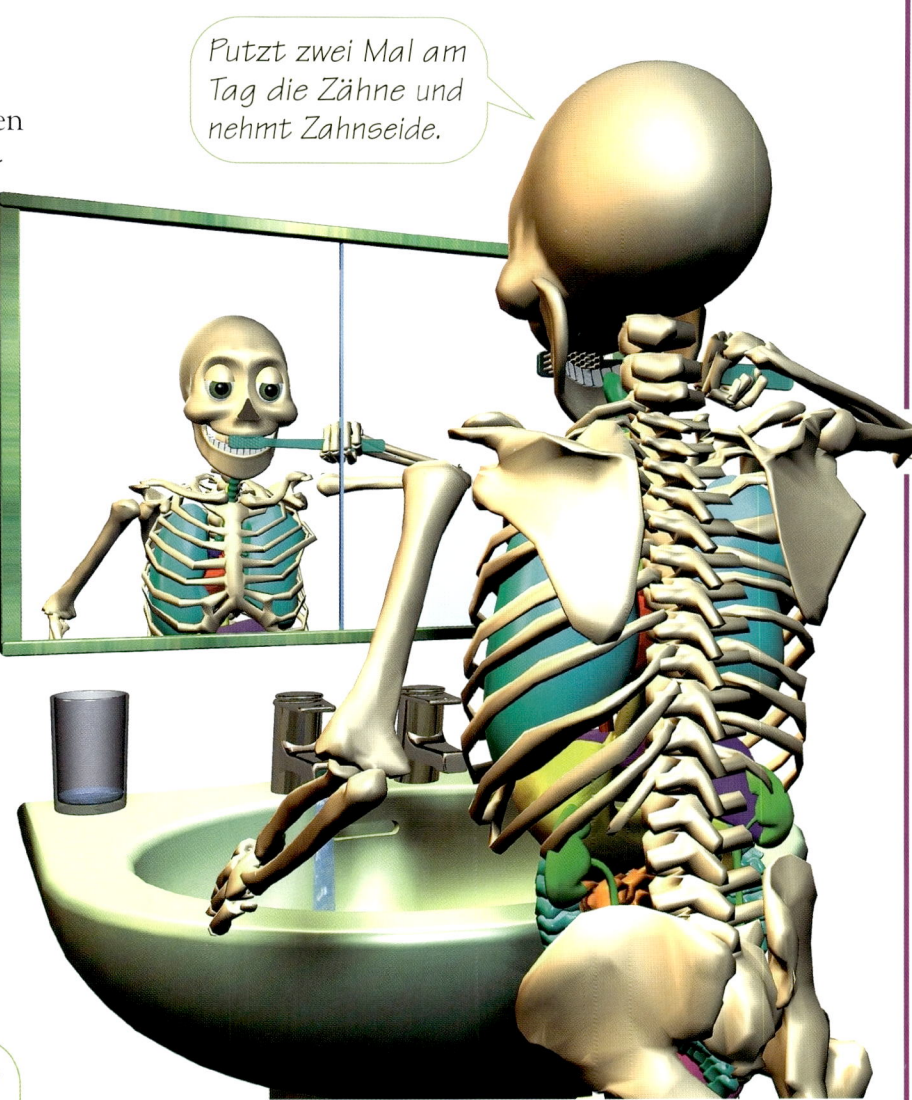

Putzt zwei Mal am Tag die Zähne und nehmt Zahnseide.

Skeletti sagt

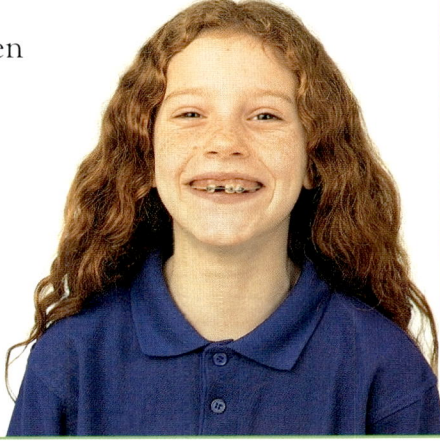

Mit Zahnspangen werden Zähne in eine gerade Stellung gebracht. Eventuell muss der eine oder andere Zahn gezogen werden, damit die korrigierten Zähne Platz haben.

Gesundheitsrisiken

Überall lauern Gefahren, selbst wenn wir die Straße überqueren oder Fahrrad fahren. Wir alle wollen möglichst viel Spaß haben und lange leben, daher sollten wir uns über Risiken klar sein und uns vor den bekannten Killern hüten. Riskante Dinge wie Sonnenbäder, Rauchen und übermäßiger Alkoholkonsum lassen sich leicht vermeiden.

Gesunder Schatten

Wir wissen, dass Menschen, die als Kinder starken Sonnenbrand hatten, im Alter eher Hautkrebs bekommen. Es gibt eine Reihe von Vorsichtsmaßnahmen, eure Haut vor gefährlichen Sonnenstrahlen zu schützen.

Benutzt stets eine Sonnencreme mit hohem Lichtschutzfaktor.

Ein Sonnenhut schützt vor einem Sonnenstich.

Eine Sonnenbrille schützt die Augen.

Am leichtesten verbrennen die Schultern, also tragt ein T-Shirt.

Nützlich ist ein Schatten spendender Sonnenschirm, besonders wenn ihr den ganzen Tag draußen seid.

Ich sehe sicher irre cool aus!

Skeletti sagt

Das Rauchen ist das kleinste Vergnügen mit dem größten Gesundheitsrisiko. 90% aller Raucher fangen vor dem 18. Lebensjahr an, und schon nach vier Wochen ist man nikotinabhängig. Langzeitraucher erkranken oft schwer, und viele sterben früh.

Andere schlechte Ideen

Weitere Favoriten für Skellettis Liste mit schlechten Ideen und unnötigen Risiken:

1. Kopfüber in Gewässer springen, deren Tiefe man nicht kennt.
2. Neben elektrisch geladenen Schienen oder Transformatoren-stationen spielen.
3. Zwischen geparkten Autos oder hinter einer Kurve auf die Straße laufen.
4. Mit einem Messer zu sich hin schneiden.
5. Ein Radio oder ein anderes am Stromnetz angeschlossenes Gerät neben Badewanne oder Dusche stellen.
6. Mit einer Schere in der Hand herumlaufen.

Fällt euch noch mehr ein?

Alkohollimit

Von zu viel Bier, Wein oder Schnaps wird man betrunken. Alkohol schadet der Gesundheit und beeinträchtigt das Urteilsvermögen. Wer betrunken Auto fährt, gefährdet sein Leben und das anderer Menschen *(siehe S. 41)*.

Nie ohne Helm!

Ein Sturz vom Fahrrad oder mit Rollerskates kann zu einer Gehirnerschütterung führen. Ein Helm schützt nicht nur vor einem Schädelbruch, sondern auch vor einem Hirnschaden. Eine Hirnverletzung kann Fehlfunktionen und sogar Persönlichkeitsveränderungen zur Folge haben.

Lasst den Deckel drauf!

Ärztliche Hilfe

Es genügt nicht, sich richtig zu ernähren und fit zu halten, um gesund zu bleiben: Manchmal braucht ihr ärztliche Hilfe. Fragt euren Arzt, wenn eine Beschwerde euch ängstigt oder nicht von selbst vergeht. Er kann hunderte von Behandlungsmethoden anwenden oder empfehlen. In wirklich dringenden Fällen wird er euch sofort ins Krankenhaus einweisen.

1 Bauchschmerzen
Gemma wacht auf, weil sie stechende Schmerzen in der rechten Seite und erhöhte Temperatur hat.

2 Zum Arzt
Gemmas Mutter meint, es könnte etwas Ernstes sein, und ruft den Arzt an. Da es sich um ein akutes Problem handelt, gibt die Sprechstundenhilfe Gemma gleich einen Termin.

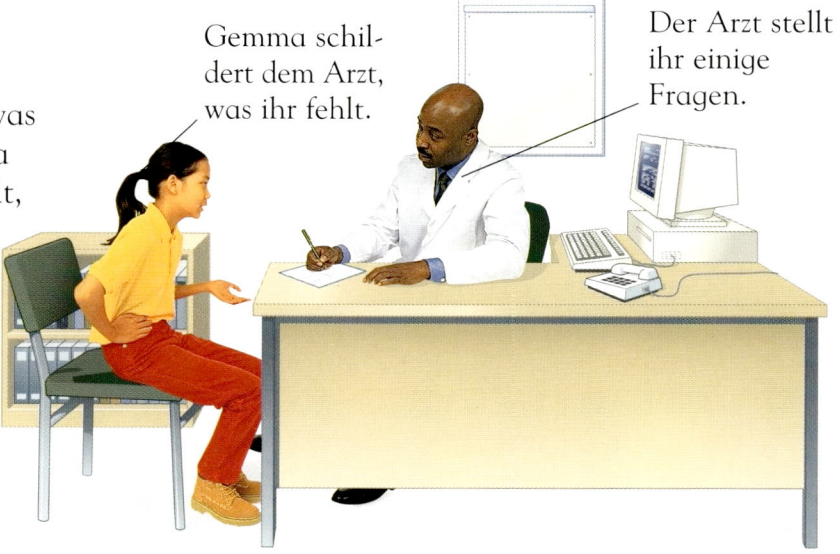

Gemma schildert dem Arzt, was ihr fehlt.

Der Arzt stellt ihr einige Fragen.

Der Arzt bittet um eine Urinprobe.

3 Urintest
Der Urin wird auf eine Infektion, auf Diabetes, Nierenprobleme und Anzeichen von Blut getestet. Der Befund ist negativ. Also vermutet der Arzt, dass Gemmas Blinddarm die Schmerzen verursacht. Sie muss sofort ins Krankenhaus.

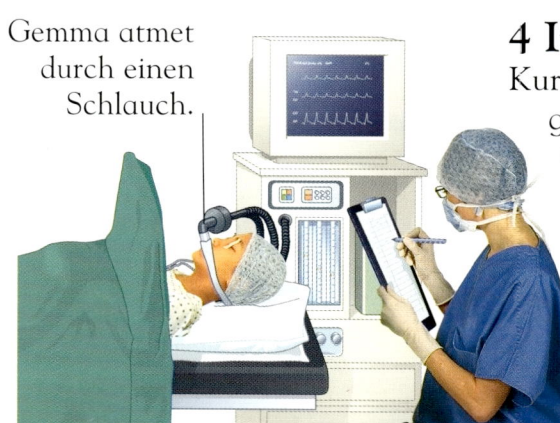

Gemma atmet durch einen Schlauch.

4 Im Operationssaal
Kurz vor der Operation gibt die Anästhesistin Gemma ein Mittel, das sie tief schlafen lässt, so dass sie während der Operation nichts spürt.

5 Der Blinddarm wird entfernt

Sobald Gemma zuverlässig schläft, kann die Operation beginnen.
Der Chirurg macht einen Schnitt in ihre rechte Seite und
entfernt den infizierten Blinddarm. Dann vernäht er die Wunde.

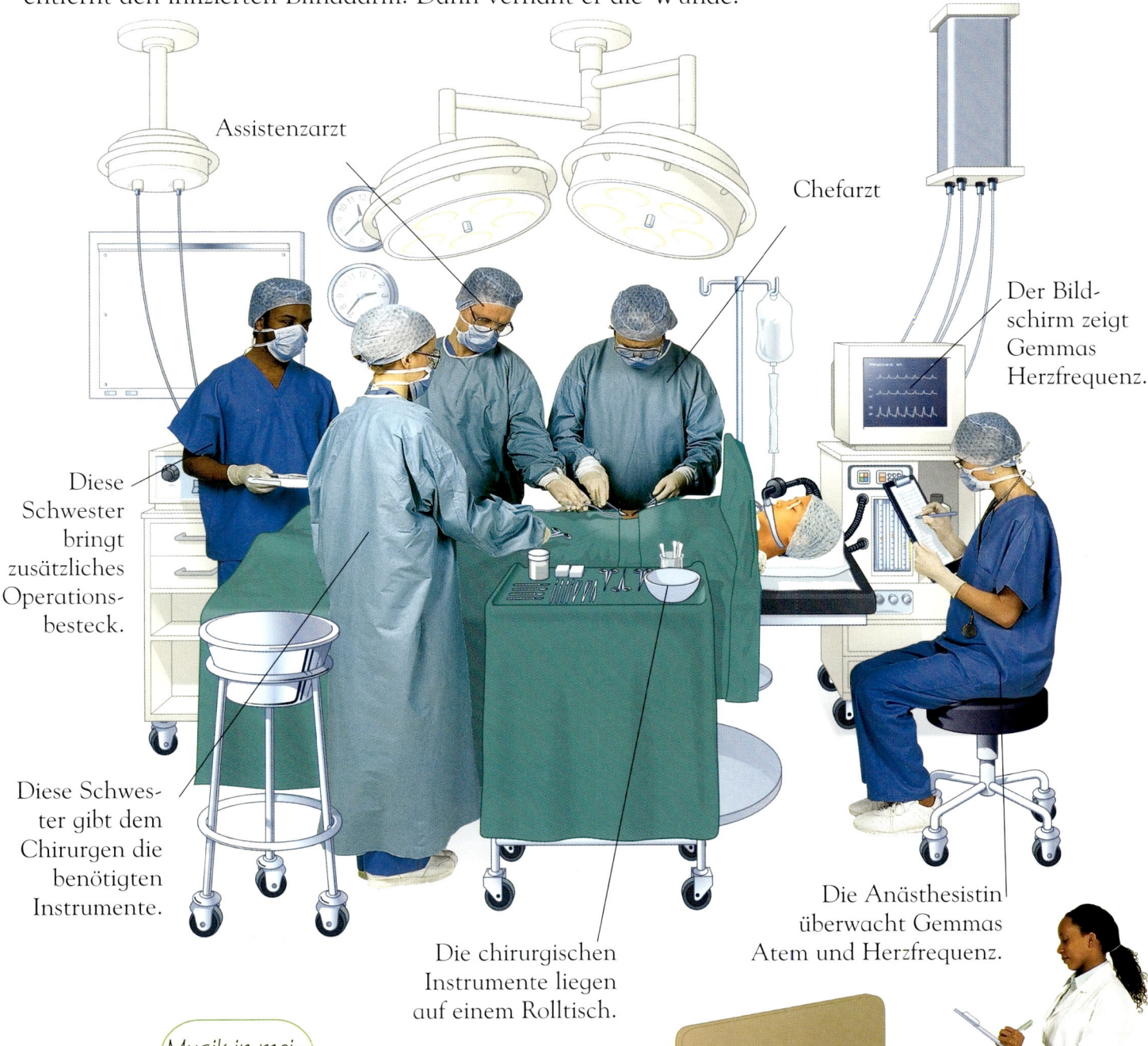

Assistenzarzt

Chefarzt

Der Bild-
schirm zeigt
Gemmas
Herzfrequenz.

Diese
Schwester
bringt
zusätzliches
Operations-
besteck.

Diese Schwes-
ter gibt dem
Chirurgen die
benötigten
Instrumente.

Die chirurgischen
Instrumente liegen
auf einem Rolltisch.

Die Anästhesistin
überwacht Gemmas
Atem und Herzfrequenz.

Musik in mei-
nen Ohren!

6 Nach der Operation

Als Gemma nach der
Operation aufwacht, fühlt
sie sich benommen und
unwohl, aber das Fieber ist
weg, und es geht ihr besser.

Erste Hilfe

Unfälle passieren irgendwann, ihr müsst darauf vorbereitet sein. Die erste Regel bei einer Verletzung lautet: „Nachdenken!" Bei einem kleinen Schnitt, einer Verstauchung oder Verbrennung gibt es Techniken, die die Schmerzen und den Schaden verringern. Seid ihr einmal am Schauplatz eines schweren Unfalls, bleibt ruhig, damit ihr Hilfe herbeirufen könnt.

Hände weg!
Elektrizität ist tödlich. Hat jemand einen Schlag bekommen und berührt noch die Stromleitung, erhält jeder, der ihn berührt auch einen Schlag. Ruft sofort Hilfe herbei.

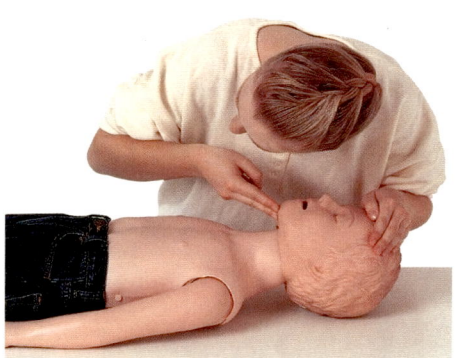

Erste-Hilfe-Kurse
In solchen Kursen lernt ihr Lebensrettungstechniken wie Mund-zu-Mund-Beatmung und wie ihr euch um Verletzte kümmern müsst. Fragt eure Eltern oder Lehrer oder ruft die örtliche Rot-Kreuz-Stelle an, ob es einen für euch geeigneten Kurs gibt.

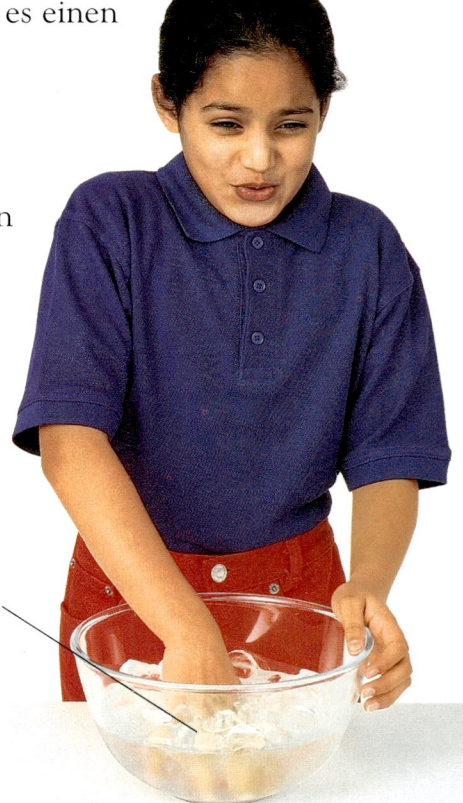

Verbrennungen
Kleinere Verbrennungen sofort mit kaltem Wasser kühlen - das lindert die Schmerzen und verlangsamt weitere Hautschäden durch Einwirkung von Sauerstoff.

Kaltes Wasser verringert Verbrennungsschmerzen.

Haltet Schnittwunden höher als euer Herz – das verringert den Blutfluss zur Verletzung.

Schnittwunden
Haltet eine Schnittwunde höher als euer Herz, um den Blutfluss zu verlangsamen. So kann das Blut leichter gerinnen. Auch ein Druckverband verlangsamt den Blutfluss.

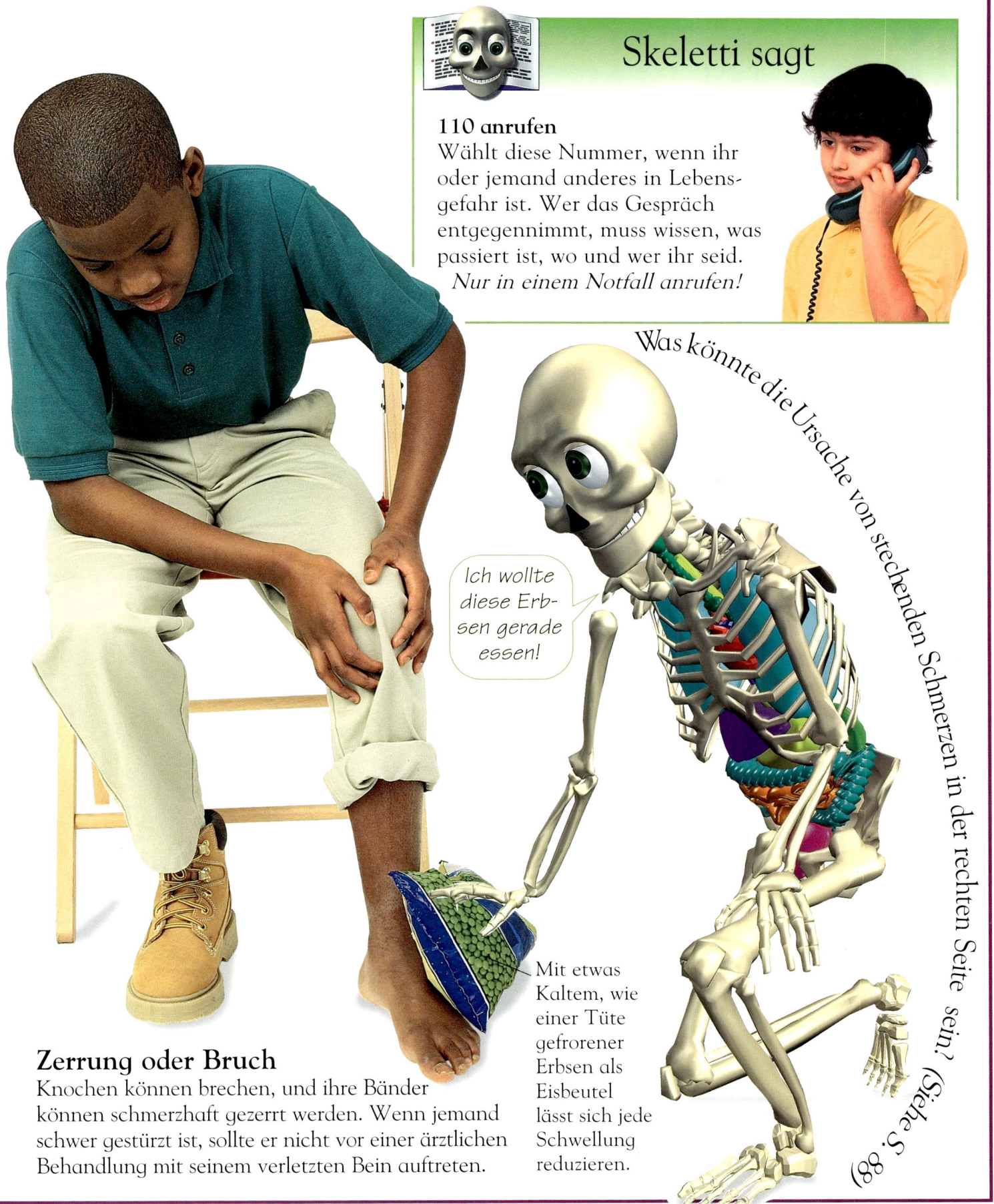

Skeletti sagt

110 anrufen
Wählt diese Nummer, wenn ihr oder jemand anderes in Lebensgefahr ist. Wer das Gespräch entgegennimmt, muss wissen, was passiert ist, wo und wer ihr seid. *Nur in einem Notfall anrufen!*

Ich wollte diese Erbsen gerade essen!

Mit etwas Kaltem, wie einer Tüte gefrorener Erbsen als Eisbeutel lässt sich jede Schwellung reduzieren.

Was könnte die Ursache von stechenden Schmerzen in der rechten Seite sein? (Siehe S. 88)

Zerrung oder Bruch
Knochen können brechen, und ihre Bänder können schmerzhaft gezerrt werden. Wenn jemand schwer gestürzt ist, sollte er nicht vor einer ärztlichen Behandlung mit seinem verletzten Bein auftreten.

Der perfekte Körper

Was ist ein perfekter Körper? Jeder hat da eine andere Vorstellung, je nachdem, was er am meisten schätzt. Manche vergöttern große Sportler oder bewundern jemanden, der große Schwierigkeiten überwunden hat. Anderen ist ihr Aussehen wichtiger als ihr Befinden. Wie sähe euer perfekter Körper aus?

Mehr Platz fürs Gehirn.

Wunderbare Heilung

1999 und 2000 gewann Lance Armstrong die 2300 km lange Tour de France zweimal hintereinander. Eine unglaubliche Leistung, denn erst zwei Jahre zuvor wurde er gegen eine ausgefallene Form von Krebs behandelt.

Auswege

Behinderte müssen ihren Körper härter trainieren als andere Menschen. Blinde entwickeln ihren Tastsinn so weit, dass sie die Blindenschrift lesen können.

Blinde lesen mit den Fingerspitzen die erhabene Brailleschrift.

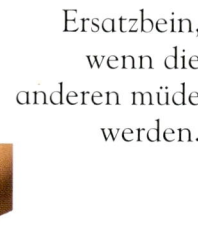

Ersatzbein, wenn die anderen müde werden.

Zukünftige Körper

Wissenschaftler lernen, Pflanzen und Tiere genetisch zu verändern. Sie können bereits einem Tier Gene entnehmen und es in die Chromosomen eines anderen einspleißen. Welche Veränderungen würdet ihr am menschlichen Körper vornehmen?

Unterm Messer

Manche Menschen tun alles, damit ihr Körper so aussieht, wie sie ihn gern hätten: Sie verbringen täglich mehrere Stunden im Fitnessstudio oder lassen bestimmte Körperteile durch plastische Chirurgie verändern.

Ich könnte ein Filmstar sein!

Wie sieht der perfekte Körper aus?

Nachdem er alle Aussagen abgewogen hat, trifft Skeletti seine Wahl. Hier ein paar Hinweise:

- Er hat fantastische Systeme, die zusammenarbeiten.
- Er gleicht keinem anderen bisherigen Körper.
- Er ist aus den allerbesten Materialien, die ein Leben lang halten sollen.
- Könnt ihr's erraten?

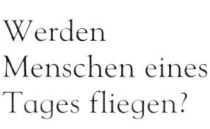

Werden Menschen eines Tages fliegen?

Der perfekte Körper ist eurer!

Klebt ein Foto von euch hier ein.

Register

Danksagung

Der Autor dankt Bill Schaser –
einem inspirierenden Lehrer.

Fotos

Andy Crawford fotografierte die Kinder (Safi Dewshi, Aimée Ford-King,
Gemma Loke, Mishali Patel, Joe Wood, Daniel Williams)
Dorling Kindersley dankt folgenden Personen und Institutionen für die
freundliche Erlaubnis, ihre Fotos abzudrucken (o = oben,
M = Mitte, u= unten, r = rechts, l = links):
Actionplus/Y. Vuillaume: 92 Ml; Educational and
Scientific Products Ltd UK c/o Denoyer-Geppert: 11 M;
Mary Evans Picture Library: 53 or; Mattel UK Ltd: 52ul; NASA:
68 or; 80 ol; Rex Features London: 53 M; 58; Science
Photo Library: Alex Bartel,
71 Ml; Biophoto Associates (Muskelzellen), 32 Mr; John
Durham (Knochenzellen), 32 M; Lowell Georgia, 42 ur;
Dr. Kari Lounatmaa, 83 Ml; Peter
Menzel, 17 ur; Prof. P. Motta/Dept. of Anatomy/University
»La Sapienza«, Rom, 20 or; National Cancer Institute
(Blutzellen), 32 Ml; Dr. Yorgas Nikas,
54 ul; Quest, 13 Mr; Prof. John Sloane, University of Liverpool:
35 or; Tony Stone: John Riley (rechte Großeltern, Eltern, Kind),
52; David Young Wolff (linke Großeltern), 52; The Water
Monopoly: 71u.

Illustrationen

Alternative View Studios (www.avstudios.com):
Skeletti-3D-Modelle und digitale Darstellung;
Peter Bull Art Studios:
16-17 M, 17 ul, 18-19 o, 23 Ml, 30-31 oM, 36 r, 48 u.

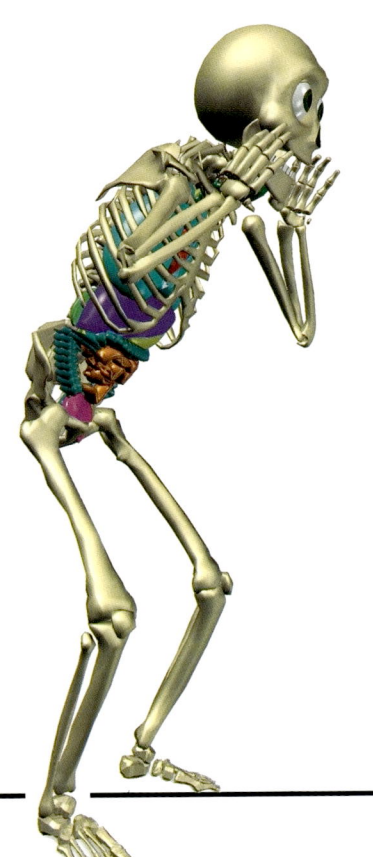
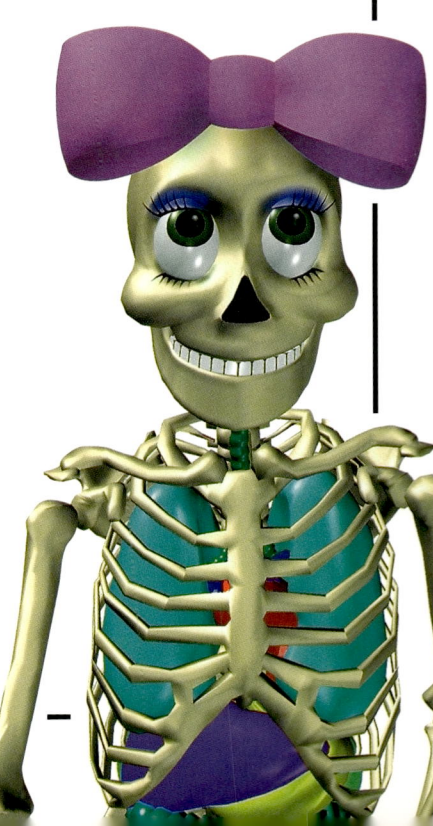